U0024266

香水入門

打造自我品味的香水

以萃取自天然動植的香料及精油為原料，
以淺顯易懂的方式介紹如何調配香水。

李迎龍／編著

自序

三十年前，工作了一年，存到了一張華航機票錢後就飛往了美國，開始了五年多的留學生涯。雖然學校發給的獎學金不足以養家，但對一個孤家寡人來說，到也頗能生活無慮。挨過了最初一、二年的辛苦適應期後，每到假日，常會和同學外出走走，幾個王老五最喜歡逛的大概就是百貨公司吧，雖然口袋裏不「麥克」，但看看那些五光十色的高檔貨品，也頗能賞心悅目的。那時最喜歡逛的部門大概就是賣香水的地方了，那時美國百貨公司的香水專櫃都會在櫃台上擺些香水試用瓶，免費的讓顧客試用，而我總喜歡去那裏東噴噴西噴噴的，噴的滿身都是香水，聞久了，慢慢的對香水產生了興趣，每當看到與香水有關的資料都會特別的留意一下，有時也會把那些資料剪下來，到了圖書館，看到與香水有關的書籍，也會略為翻閱一下，但那時只是覺得好玩，自己從未想過要去研究香水。

從九〇年代起，以英文寫作的香水書籍慢慢的多了起來，而且自網路興起後，從「谷勾」（Google）網站查尋資料變得非常的方便，因此有了更多的機會去接觸與香水有關的資訊，這時才開始比較有系統的想去瞭解香水裏的故事，也開始有了想自己調配香水的念頭，但是自己也知道自己只是個「無師自學」的業餘愛好者，說不上是個專家，也許只是多收集了些資料而已。

這些年來，台灣開始流行自我調配化妝品的風氣，家人看我收集了不少與香水有關的資料，因此鼓勵我把收集來的香水資料整理出版，好讓有興趣的朋友也能雅俗共賞的自我娛樂一番，勸勉多了，好像也自我膨脹起來，也開始煞有其事的花了幾年的時間將收集來的資料整理出來，寫成《香水入門——打造自我品味的香水》這本書。自己之所以有膽量，敢去嘗試寫這本與香水有關的書籍，憑藉的只是自己在化學與農學方面的基礎訓練，以及無師自學的收集了一些資料而已，因此殷切期盼先輩對我所搜集的資料或是香水調配方面的差錯能多所指正。

李迎龍　謹誌

2008年12月

CONTENTS

第一章 香水的源流

「人類使用香水的歷史有多久了？」，這個問題可能跟問「人類存在於地球上有多久了？」一樣是沒有答案的。因為人的思想不會存留，它必須形成某些外在的形式，才能留存。

孔夫子說：「食色性也」。「食、色」可能是所有生物的本性，對某些生物來說，「色」可能是綿延物種所不得不然的行為，像是孔雀開屏是為了求偶。而人類呢？人也會為了美，而裝扮自己。但是從什麼時候開始，除以「美色」挑逗異性外，人類還會以「香味」吸引異性，這個問題可能永遠也不會有答案。但可以確定的是，自有「文明」以來，香味就是「上層社會人仕」藉以吸引異性的重要手段。

考古學家在埃及尼羅河畔的底比斯（Thebes）觸摸到一點堅實可靠的證據。在女王哈茲赫普撒特（Hatshepsut，古埃及第十八王朝女王）的神廟裏有一系列的壁畫，顯示早在 3500 年以前，就有一個埃及船隊到「彭特之地」（Land of Punt）去尋找沒藥和其它的香料【1-01 & 1-02】。

當時，大部份的香料是用來薰香的，香水的英文名稱 perfume 是源自於拉丁文的 per fumum，它的原意是「透過煙霧」（through smoke）【1-03】。當時的埃及人也會將香料浸泡在油裏，再用布把含有香味的油給擠出來【1-01】。

西元 2007 年，義大利的考古學家在塞浦路斯（Cyprus）發現了四千多年前的香水工廠，他們發現了六十多個蒸餾槽（distilling stills）、混合缽、漏斗、香水瓶【1-04】。考古學家分析殘存的香味成份，發現那些是從薰衣草、月桂、迷迭香、松脂、芫荽萃取出來的，這個發現顯示了人類使用香水的歷史可能與人類的「文明」一樣的久遠。

一般討論西方文明的資料，大概都認為接續古埃及文明的是古希臘和古羅馬文化。西元前 332 年，埃及被亞歷山大大帝所征服，亞歷山大大帝死後，其部將托勒密占領了埃及，建立了托勒密王朝。隨後，古羅馬崛起，成為地中海世界的大國，埃及又被其占領。因此古希臘及古羅馬都承繼了埃及人使用香料及香油的習慣。

但古希臘把香油神化了，認為香油是眾神的發明，聞到香味意味着眾神的降臨與祝福【1-05】。當時，製做香油的人都是婦女，她們採用了埃及人製做香油的方法。她們把玫瑰花及百合花浸泡在油裏以獲得香油，他們在洗澡的時候把香油塗在身上。當時的希臘人，不論男人或是女人都喜歡在身上塗抹香油。西元前四世紀，亞歷山大大帝征服了許多地方，包括了埃及、波斯帝國（也就是現今的伊朗），直至印度的邊界，因此希臘人也獲得了許多東方的香料【1-06】。

接續的羅馬人生活更奢華，他們向地板及牆壁灑「香水」，給寵物馬及寵物狗灑「香水」，向凱旋的軍隊及旗幟灑「香水」，到處都撒滿了玫瑰花瓣【1-01】。據說，當年讓羅馬皇帝凱撒及安東尼臣服的「埃及豔后」克麗奧佩特拉

（Cleopatra）更是奢華的使用香氣以凸顯她的魅力。克麗奧佩特拉不只舉止優雅，聲音甜美，她本身更是一位多才多藝的女子，她能流利的使用許多種語言。

據說，她每天一定要在裝滿香料的浴缸中沐浴，並在身體上塗抹麝猫香之類的動物性香料。因此她全身充滿了花香與動物香的混合香味，也可以說她喜愛使用性感的香味。克麗奧佩特拉以芬芳的索線向周圍的人宣示她的存在，藉以提升埃及女王的權威及女性的魅力【1-05】。

當她去見安東尼時，她的全身塗抹了最好的玫瑰花香油，她所乘坐的金色大船及所有的水手也都塗了香油，同時船上點燃著薰香，繚繞的薰香煙霧包圍了她的寶座。克麗奧佩特拉的美貌征服了安東尼，因此她保住了她的王位和埃及托勒密王朝【1-07】。

但是從「薰香」、「香油」進步到「香水」的這一大步，那可就必須歸功於古代的波斯人了。自從西元四世紀，基督教成為羅馬帝國的國教以後，許多古希臘及古羅馬的文化就不再受到重視，再加上羅馬帝國開始逐漸衰敗，因此西方的文化，尤其是古希臘文化的保存是由阿拉伯及波斯的學者們所進行的，同時他們也增進了化學工藝上的研究。

從「薰香」、「香油」進步到「香水」的這一大步就是蒸餾方法的發明。其實原始的蒸餾方法是一門很古老的技藝，可能早在西元前二千多年前，在美索不達米亞及塞浦路斯這些地方就已有了原始的蒸餾方法【1-04 & 1-08】。西元八世紀，波斯的學者賈比爾・伊本・哈揚（Jabir ibn Hayyan）發明了蒸餾法【1-08】。

所謂「蒸餾法」指的是「當液體煮沸時，利用混合液體中不同成份沸點的差異，使低沸點的成份蒸發，再冷凝，因而將液體所含的化合物分離出來的方法，因此蒸餾法是蒸發與冷凝兩種操作的結合」。

十一世紀初，波斯還有一位很有名的學者叫做阿維森納（在西方世界叫做 Avicenna，而波斯語是 Ibn Seena），他發明了水蒸汽蒸餾的方法【1-08】，他讓水蒸汽通過堆積的玫瑰花瓣，水蒸汽會將玫瑰花瓣裏的香味精油給帶出來，當水蒸汽與精油遇到冷的空氣後，它們就會凝結成水及液體的精油，因為精油與水不能互相溶解，因此精油與蒸餾水就會分離【1-09】。分離出來的蒸餾水叫做「玫瑰花水」（rose water），它裏面還含有許多芬芳的成份，它的味道仍然非常的精緻，在當時，它比玫瑰花精油更受到波斯人的喜愛。就是在今日，玫瑰花水仍是調配高級化妝水（skin care toner）的主要原料。

自西元七世紀起，基督教的聖城耶路撒冷就被回教徒所佔領。到了西元十一世紀末，塞爾柱土耳其人擊敗了東羅馬帝國，控制了小亞西亞一帶，同時占領了聖城耶路撒冷。塞爾柱土耳其人與前往耶路撒冷朝聖的基督教徒屢起衝突，於是羅馬教皇號召歐洲基督教徒組成軍隊，以武力反對異教徒及收復宗教聖地耶路撒冷，自此開始了將近二百年的十字軍東征。這場戰爭的影響是非常的深遠，許多回教的文化及工藝被帶回了歐洲，當然它也改變了回教世界與基督教世界衰弱與強權的相對形式。

第二章　現代香水的源泉

自從伊斯蘭教的文化及工藝被帶回到歐洲以後，歐洲人開始瞭解到提取精油的相關知識，除了玫瑰花精油之外，他們還提取紫羅蘭、薰衣草、苦橙花和麝香精油，但是那時的歐洲人使用這些精油的目的只是用來薰香手提袋，或是手套【2-01】。

當時在歐洲能夠接受到教育的可能主要是教會的僧侶，因此他們知道如何提取精油的技藝。西元十四世紀末，可能是由於匈牙利的伊莉莎白皇后（Queen Elizabeth of Hungary）的要求，皇室的僧侶將迷迭香（rosemary），或是和百里香（thyme）一同浸漬於酒精裏一段時間後，然後再蒸餾，因而得到一種稱之為「匈牙利水」（Hungary water）的香水，這款香水可能是歐洲世界所發展出來的第一款以酒精為溶劑的香水【2-02】。這款香水在歐洲的皇室間流行了好幾百年，直到另一款名為「科隆水」（Eau de Cologne）的香水出現。

後來添加於匈牙利水的精油不只限於迷迭香和百里香，其它的精油還包括了薰衣草（lavender）、薄荷（mint）、鼠尾草（sage）、馬郁蘭（marjoram）、橙花（orange blossom）、檸檬（lemon）等。

下面列舉的是一個很簡單的「匈牙利水」的配方【2-03】。

4 滴	迷迭香油　Rosemary essential oil
6 滴	檸檬　Lemon essential oil
2 滴	甜橘　Sweet orange essential oil
40 ml	酒精　Alcohol（95%）
10 ml	橙花水　Neroli water
10 ml	玫瑰花水　Rose water

其實調配香水是一門「只要我喜歡，有什麼不可以」的嗅覺藝術，因此只要您喜歡，您可以更動它們的比例，或是添加您喜歡的精油。譬如說可以再添加一滴薄荷（peppermint）【2-04】，或是用檸檬馬鞭草（verbena oil）、或是山蒼子（Litsea cubeba oil）精油去取代一些檸檬精油。

因為「匈牙利水」含有大量的酒精，所以「匈牙利水」不只是香水，它還具有殺菌的效果。

十四世紀時，義大利興起了文藝復興運動，當時的義大利貴族，對於香水的運用、化妝保養的講究，引領了當時的歐洲時尚。雖然經歷著文藝復興洗禮的義大利是一個經濟繁榮發達，文化輝煌燦爛的富庶之地，然而在政治上，義大利卻是四分五裂，殘破不堪。

西元 1494 年，當時的法蘭西國王查理八世（Charles VIII）為了想控制義大利，就以繼承人的名義入侵義大利，結果是法軍戰敗，查理八世被迫於 1495 年底退出義大利。

當他退回法蘭西後，他也帶回了喜愛香水的興趣，他有自己的香水師幫他調配香水，他非常喜歡迷迭香、苦橙花和玫瑰花的香味，所以從那時起，法國的貴族階層就開始流行使用香水的風氣。

十六世紀，義大利的公主凱薩琳・德・梅迪奇（Catherine de' Medici）嫁給了法蘭西國王亨利二世，她帶著她的香水調配師（Rene le Florentin）來到了法國，在凱薩琳的引領下，法國的香水工藝水準大大的提升了，香水變成了巴黎的時髦物品。

從十四世紀開始，歐洲的許多地方都開始種植香花，為的是要萃取香花裏的精油，隨著法國香水市場的發展，法國南部也開始大規模的栽植香花植物，尤其是在格拉斯（Grasse）這個城市，因為香花市場的澎渤發展，格拉斯也就因香水貿易而繁榮，成為世界的香水之都。

十八世紀初，有一種新的香水出現於德國科隆（Köln）這個城市，這種香水就是以「科隆」這個城市命名的。也許因為這種香水相當受到歡迎，在當時就有許多的跟進者，所以這種香水的源起為何，是有許多不同版本的故事在流傳著。不過香水大師普謝爾（W. A. Poucher）認為其中的一個版本似乎是比較接近於歷史的原貌【2-04 & 2-05】。

十七世紀末，有一位原籍義大利後來入籍德國的人，他叫做約翰・瑪麗亞・法西納（Johann Maria Farina，也叫做吉歐凡尼・瑪麗亞・法西納 Giovanni Maria Farina），他想配出一種類似於春天早晨，雨後義大利空氣中所有的味道，那種味道讓他回憶起義大利的故鄉，春天雨後的早晨，空氣裏充滿著柑橘、檸檬、柚子、鮮花和水果的味道【2-05 & 2-06】。法西納於1709 年推出了一種以柑桔香為主的香水【2-07 & 2-08】，他把這種香水命名為 Kölnisch Wasser，中文的意思是「科隆水」，翻譯為法文是 Eau de Cologne。

「科隆水」源起的故事還有另外的版本【2-06 & 2-09】。十七世紀末，義大利有一位叫奇安・普羅・費米尼斯（Gian Paolo Feminis）的理髮師，他從義大利佛羅倫薩聖塔馬利亞修道院（Santa Maria Monastery， Florence）拿到了一份匈牙利水的配方，根據他的喜好，他把那個配方稍為的修改了一下，然後在 1695 年創出了一款名為「卓越之水」（Aqua Admirabilis）的香水。

後來，他帶著他的配方離開了義大利來到了德國的科隆，他想在科隆開創他的事業。1709 年，他開始賣他的香水，結果是大受歡迎。為了應付日益發展的事業，他請他的外甥吉歐凡尼・瑪麗亞・法西納（Giovanni Maria Farina）前來幫忙，吉歐凡尼是位天生的香水師，同時他也具有敏銳的商業頭腦。當時的科隆是一個國際性的商業大都市，他為了能將他的香水推展到國際市場上，因此在 1714 年，吉歐凡尼把香水的名稱改為 Kölnisch Wasser，更因為當時通用的商業語言是法語，因此他又把香水的名稱從德文給改成為法文的 Eau de Cologne。

自 1731 年起，吉歐凡尼接管了整個事業，在他睿智的經營下，他的事業蒸蒸日上，客戶盡是達官貴人，其中還包括了王室成員，像是奧地利的查爾斯六世（Charles VI of Austria），女大公瑪麗婭・特蕾西婭（Maria Theresia），法國路易十五世、拿破崙等，而科隆也就成了當時的香水之都。

因為法國王公貴族們對「科隆水」的喜愛，所以吉歐凡尼・瑪麗亞・法西納的後代在巴黎又開了一家分店，但後來這個公司及配方賣給了一位名叫萊昂斯・科拉斯（Léonce Collas）的人。1862 年，萊昂斯・科拉斯又把科隆水的配方賣給了阿曼・賀傑與查爾斯・賈雷（Armand Roger & Charles Gallet），因此現今賀傑與賈雷（Roger & Gallet）這家公司擁有科隆水在巴黎的所有權。

由於科隆水的傲人成就，因此當時就有超過四十家的公司也跟著仿冒生產「科隆水」（Eau de Cologne），並且也都用著 Farina 的名號，而且也各自述說著一個不同版本的歷史故事【2-06 & 2-09】。

但不論是那一種品牌，所有這些「科隆水」都有一個共同的特性，那就是它們都是以柑橘香（citrus bouquets）為主調，另外再搭配著迷迭香，或是搭配些薰衣草。

不過說到 Eau de Cologne 這個名稱，那到還有一個麻煩事，那就是它還有另外一個意義，它指的是含香精在百分之三到百分之五的香水，這個名稱是根據香精的濃度來分類的，一般的翻譯是「古龍水」。

根據普謝爾的描述【2-04】，科隆水的配方倒不是很複雜，我們可以從書本上，或是從網路上找到配方【2-06】，困難的是在生產「科隆水」的處理過程及所使用原料的來源，而這也是每一家生產「科隆水」公司的祕密。

首先要注意的是酒精的純度及釀造酒精所使用的原料，根據普謝爾書上的描述【2-04】，最好是用馬鈴薯所釀出的酒精，其次是用穀類（grain），或是糖蜜（molasses）所釀出的酒精。另外如果想要製造出一款高級的（de luxe）科隆水，那麼「蒸餾」這一道手續是不能避免的，普謝爾【2-04】認為可能是在蒸餾的過程中，對某些精油產生了很微妙的影響，因而有了完全不一樣且更精緻的結果。

下面列舉的是普謝爾書上的一個調製科隆水的配方（No. 1157）【2-04】。

8 ml　佛手柑油　Bergamot oil
6 ml　檸檬油　Lemon oil
5 ml　甜橘油　Sweet orange oil
1 ml　薰衣草油　Lavender oil
10 ml　鳶尾根　Orris root, crushed
500 ml　酒精　Alcohol（90%）
70 ml　水　Water

浸漬一天後，緩慢的蒸餾出 500 ml 的液體，然後再加入

2.5 ml　橙花油（法國）Neroli oil，bigarade
0.5 ml　迷迭香油　Rosemary oil
500 ml　酒精　Alcohol（90%）
5 ml　安息香　Benzoin

然後再靜置一個月，讓它熟成。

接下來是另外二個比較簡單的科隆水的配製方法。

例一（參考 No. 1159）【2-04】：

5 ml　橙花油　Neroli oil
12 ml　佛手柑油　Bergamot oil
6 ml　檸檬油　Lemon oil

1 ml　　迷迭香油　Rosemary oil

0.5 ml　　奧勒岡油　Origanum oil

0.5 ml　　薰衣草油　Lavender oil

0.5 ml　　安息香　Benzoin

950 ml　　酒精　Alcohol（90%）

50 ml　　橙花水　Orange flower water

先將精油溶在酒精裏，靜置七天，在這七天裏要不時的搖動它，七天後，再每天加入 10 ml 的橙花水，一共加入 50 ml 的橙花水，然後過濾。

在普謝爾所寫的書裏，幾乎所有的配方都會添加些麝香（musk），或是龍涎香（ambergris）【2-04】，但是這二種原料的來源：麝鹿及抹香鯨都是面臨絕種的動物，因此它們都已被列入保護性的動物，所以絕大多數的國家是將它們列為禁止使用的原料，為了避免此一困擾，因此例一的配方是參考了威爾斯及比約（Wells & Billot）的配方【2-09】，將龍涎香改成安息香。

在威爾斯及比約【2-09】所寫的書裏還列出了據說是約翰・瑪麗亞・法西納（Johann Maria Farina）的配方。

例二【2-09】：

6.2 克　　佛手柑油　Bergamot oil

3.1 克　　檸檬油　Lemon oil

0.8 克　　橙花油　Neroli oil

1.6 克　　丁香油　Clove oil

1.2 克　　薰衣草油　Lavender oil

1.6 克　　迷迭香油　Rosemary oil

100 ml　　酒精　Alcohol （90°）

如果我們研究一下與「香水」有關的書籍，或是網站資料裏所列出的「科隆水」的配方表，我們會發現以「Eau de Cologne」為名的香水就有許多種，所以香水配方並沒有一個固定的公式，反而是像一門「只要我喜歡，有什麼不可以」的藝術。當然業餘愛好者的「功力」與香水大師之間是有不小的差距。

第三章　合成香水的萌芽

自十六世紀起，法國王室及貴族階層就流行著使用香水，這樣的習慣一直延續著，甚至到了十八世紀法國大革命之後掌權的拿破崙都繼續了這個傳統，據說他每天都要噴灑一瓶科隆水。他的妻子約瑟芬（Josephine）偏愛麝香，傳說約瑟芬死後六十年，她的臥室裏仍然飄逸著麝香的香味。因為這樣的氛圍，法國就成為世界香水時尚的領導國家。

由於法國王室對香水的喜好，十九世紀時，巴黎出現了不少香水公司，其中比較有名的是霍比格恩特（Houbigant），皮維（LT Piver），魯賓（Lubin），賀傑與賈雷（Roger & Gallet），嬌蘭（Guerlain）等【3-01】。這些香水公司不僅供應法國王室貴族們所使用的香水，他們還取得了為其它歐洲王室提供香水的特許權。

在那時候，所有的香水公司使用的原料都是萃取自天然的動、植物，連帶的，香水的價格也就非常的昂貴，因此也只有王室貴族及有錢的人可以用的起香水。有時歷史的傳說總是帶點傷感，傳說當年法國大革命時期，皇帝路易十六和皇后瑪莉・安東妮德（Marie Antoinette）由後宮逃走，他們試圖與忠於他們的軍隊會合。但因為瑪莉・安東妮德皇后所塗抹的霍比格恩特香水而被人認出，因為在當時只有王室貴族才使用的起霍比格恩特香水的。他們在瓦倫鈕斯（Varennes）被逮捕，最後被送上了斷頭臺【3-02】。

因為早期香水的原料都是萃取自天然的動、植物，所以在十九世紀以前，一般人認為人類是無法合成出這些萃取自天然動、植物的成份，因此把這些萃取自天然動、植物的成份叫做是「生物性的」、「有機的」（organic）。但是自十八世紀末，化學工藝的發展及研究開始興盛。西元 1828 年，德國化學家弗里德里希・渥勒（Friedrich Wöhler）於實驗室合成出尿素，打破了原來認為有機物只來自生命體的觀念【3-03】。

西元 1856 年，年僅十八歲的英國化學家威廉・普金（William Perkin）合成出了第一種人造有機染料苯胺紫（mauveine），從此改變了人類所熟知的「顏色世界」。西元 1868 年，普金又合成出第一種人造香料香豆素（coumarine），自此改變了人類的「香味世界」【3-04】。

香豆素是一種很重要的香料植物零陵香豆（Tonka bean）的主要成份，它帶有甜甜的，像是剛收割的乾草的香味，早年許多名貴的香水裏都添加有零陵香豆的萃取物。

1882 年，霍比格恩特公司在推出的一款「馥奇皇家」（Fougère Royale）的香水裏添加了人工合成的香豆素，這一款香水在香水發展的歷史上是站有很重要的地位，它是「馥奇香調」（Fougère）這一香調的首款香水，也是第一款採用合成香料的香水【3-05】。

霍比格恩特這家公司是由法國的讓・弗朗索瓦・霍比格恩特（Jean François Houbigant，1752-1807）在 1775 年成立的，那一年他 23 歲，他賣手套、香粉及香水，造訪他的客戶盡是王室貴族、達官貴人，簽名簿上的名字多是歷史上能找到的人名。1807 年他死後由他的兒子阿蒙・古斯塔夫・霍比格恩特（Armand Gustave Houbigant，1790-1863）繼承。1880年，有一位叫保羅・巴貴（Paul Parquet）的香水師成為霍比格恩特公司的合夥人，保羅・巴貴是第一位瞭解到合成香料重要性的香水師，他開創出一種新的香水形式，叫做「馥奇香調」（Fougère）[3-06]，Fougère 是個法文字，它的意思是「羊齒植物」（fern），但保羅・巴貴並不是在「馥奇皇家」裏添加了羊齒植物的萃取液。基本上「馥奇香調」（Fougère）只是一種香水香調的統稱，它的基本組成是薰衣草（lavender）及橡樹苔（oakmoss）[3-07]，這一部份我們會再討論。

很早以前，住在中南美洲的印第安人就已經知道種植香莢蘭（vanilla），他們把香莢蘭添加在巧克力裏作為香料，哥倫布發現了新大陸後，西班牙人把香莢蘭及製作巧克力的方法帶回了歐洲，在歐洲也造成了流行。

1874 年，二位德國化學家－費迪南德・提曼（Ferdinand Tiemann）和威廉・哈爾曼（Wilhelm Haarmann）以人工的方式合成出了香草素（vanillin，也叫做香草醛），香草素是香莢蘭裏的重要成份，香莢蘭裏大約含有百分之二的香草素，它的味道就是香莢蘭的味道。

1889 年，嬌蘭公司（Guerlain）的艾米・嬌蘭（Aimé Guerlain）配出了一款歷史上的經典香水姬琪（Jicky），在這款香水裏，艾米・嬌蘭使用了人工合成的香草素及香豆素，但這款香水的重要性不在這裏，因為霍比格恩特公司已經首先使用了香豆素，「姬琪」這款香水的重要性是艾米・嬌蘭採用了現今稱之為「金字塔」式的香調概念去調配香水，姬琪香水不再是模仿單一香味的香水，它是一款具有「抽象」概念的香水，它揉合了不同的香味於一體，它顯示的是一款具有多面象的香水，除了調香師以外，我們不能再很容易的分辨出香水的組成。艾米・嬌蘭採用了清新的柑橘、檸檬作為「姬琪」香水的頭前香（head note），但又浸染了點薰衣草、佛手柑、玫瑰木（rosewood）、迷迭香、百里香、馬鞭草（verbena），他以玫瑰花、茉莉花、天竺葵作為本體香（heart note），再以香草素、香豆素、龍涎香（amber）、麝香（musk）等做為基礎香（base note）【3-05 & 3-08】。「姬琪」這款香水開啟了現代香水的大門【3-05】，從此香水的調配成了一門藝術，香水的調配不再局限於天然動、植物的萃取物，香水調配的界限擴張到新的合成原料的開發速度和調香師的想像力。

嬌蘭香水公司（The House of Guerlain）是彼埃爾・弗朗索瓦・帕斯卡爾・嬌蘭（Pierre François Pascal Guerlain）在 1828 年所創立的，剛開始時，他只是賣些衛生用品【3-09 & 3-10】，因為他是一位藥劑師，所以他也為客人配製香水。

1853 年，他以佛手柑、檸檬、柑橘、迷迭香及薰衣草為拿破崙三世的皇后尤金妮皇后（Empress Eugénie）配製了一款名為「帝王的古龍水」（Eau de Cologne Impériale）【3-11】，自此以後，他被受封為「皇家的香水師」（His Majesty's Official Perfumer）【3-09】。接著他也為英國的維多利亞女王（Queen Victoria）、西班牙的伊莎貝拉二世皇后（Queen Isabella II）及其他的王室成員配製香水。

1864 年，彼埃爾・弗朗索瓦死後，嬌蘭香水公司由他的二個兒子艾米・嬌蘭及加布里埃爾・嬌蘭（Gabriel Guerlain）繼承。艾米・嬌蘭是一位天生的香水師，他創作了不少知名的香水，但最經典的作品就是「姬琪」（Jicky）了。

接下來，接手調香工作的是加布里埃爾的兒子雅克・嬌蘭（Jacques Guerlain），雅克創作出許多知名的香水，包括了 1912 年推出的「藍色時光」（L'Heure Bleue），1919 年推出的「蝴蝶夫人」（Mitsouko），及 1925 年推出的嬌蘭旗艦香水「一千零一夜」（Guerlain's flagship fragrance Shalimar）【3-09】。「一千零一夜」（Shalimar）這款香水被奈吉・格魯姆（Nigel Groom）列為是世界五大經典香水之一【3-12】。

繼承雅克・嬌蘭調香事業的是他的孫子讓・保羅・嬌蘭（Jean Paul Guerlain），而讓・保羅也是嬌蘭這個家族在嬌蘭香水公司裏的最後一位調香師。嬌蘭香水公司在 1994 年被法國高價奢侈精品製造集團「酩悅・軒尼詩-路易・威登集團」（Moët Hennessy - Louis Vuitton，LVMH Group）所收購。

第四章 香水味階的概念

古早以前製作「香水」的方式是把動、植物體裏帶有香味的部份浸泡在油裏，讓香味成份溶到油裏，使得「油」成為帶有香味的「香油」。現今對「香水」的認知是把從動、植物體裏萃取出來具有香味的精油、或是人工合成的芳香化合物（aroma compounds）溶在酒精之類的溶劑裏，當施用於人體，或是施用於生活周邊的空氣時，香水會讓人聞起來覺得很愉悅【4-01】。

當香水施用於人體後，香水裏的香味成份會揮發出來，讓我們聞到。但是當將不同的精油或是芳香化合物溶在酒精裏時，這些精油或是芳香化合物之間會互相作用，有的會互相牽制，使得香味成份的揮發速率變慢。有的精油或是芳香化合物之間的香味並不是很諧調，因此調配出來的「香水」讓人聞起來並不覺得愉悅，因此如何調合不同的精油或是芳香化合物在一起，讓香水聞起來令人覺得愉悅、舒服，就變成調香師的一個很重要的課題。

十九世紀是物理學發展快速的時代，許多的物理現象都被研究的很透徹，像是光學、聲波學等，基本上它們都屬於「振動波現象」的一部份。因此當時就有人懷疑「香味的調合」是不是也可以用「振動波現象」的原理去解釋？

西元 1857 年，英國有一位化學家叫做喬治・威廉・賽普蒂默斯・皮爾斯（George William Septimus Piesse），他是一位很有名的調香師，他寫過一本書，書名是《The Art of Perfumery and Methods of Obtaining the Odors of Plants》【4-02】，在這本書裏，他提出了採用類似於創作「樂曲和弦」（musical chord）的方式來調配香水。

自十七世紀起，最常用於記載音樂的方式是五線譜。出現在五線譜上的是些音符（note），音符表達的意義有：1、用來表示一個「音高」（pitch）的相對時間長度，2、代表某一個音高的聲音。如果兩個音符之間的頻率是相差整數倍，那麼這兩個音符聽起來是非常的相似。如果兩個音符之間相差的是一倍的頻率，那麼這兩個音符之間是相差一個八度。在傳統音樂理論中，使用前七個英文字母：A、B、C、D、E、F、G 來標示不同的音符，這些字母名字不斷的重複，在 G 上面又是 A，而這個 A 比起前一個 A 是高八度【4-03】。

而 A、B、C、D、E、F、G 這些音符排列起來就像梯子一樣，這種「音」的梯子叫做「音階」。從 A、B、C、D、E、F、G 再到 A 共有八個音，叫做「八度音列」【4-04】。但是當彈奏一首音樂時，如果每次只是單純的彈奏一個「音階」的音是很單調的，如果把三個，或三個以上不同「音階」的音，按照一定的關係結合在一起，那麼所彈奏出來的音樂會比較圓潤，在聽覺上會給人「美」的享受。這種不同「音階」的音的組合就叫做「和弦」，它的英文名稱是 chord。

皮爾斯認為香味就像音樂一樣，它們都具有「排列高低」的情況，「沉重的香味」位於「香味梯子」的最底層，「尖銳的香味」位於「香味梯子」的最頂端【4-05】。

根據這個概念，他把幾十種的精油按照它們的「香味階」排出了一個次序，而這幾十種精油也仿照音樂「高低音譜」的方式被歸類於「沉重的基礎香」（Bass clef）及「尖銳的頭前香」（Treble clef）【4-06 & 4-07】。

沉重的基礎香（Bass clef）

音階	香味
B	康乃馨（carnations）
C	天竺葵（geranium）
D	香水草（heliotrope）
E	鳶尾（iris）
F	麝香（musk）
G	香碗豆（pois de senteur）
A	妥魯香脂（balsam of tolu）
B	肉桂（cinnamon）
C	玫瑰（rose）

尖銳的頭前香（Treble clef）

音階	香味
C	玫瑰（rose）
D	紫羅蘭（violet）
E	金合歡（cassia）
F	夜來香（tuberose）
G	苦橙花（orange flower）
A	黃花茅（vernal grass）
B	苦艾（southern wood）

C　　　樟腦（camphor）
D　　　杏仁（almond）
E　　　甜橙皮油（portugal）
F　　　水仙花（jonquille）
G　　　紫丁香（syringa）
A　　　零陵香豆（tonka bean）

尖銳頭前香的一部份以樂譜的方式描繪在圖 4-1。

玫瑰 紫羅蘭 金合歡 夜來香 苦橙花 黃花茅 苦艾 樟腦 杏仁 甜橙皮油 水仙花 紫丁香 零陵香豆 薄荷 茉莉花

圖 4-1　香味階【4-07 & 4-08】

皮爾斯還認為調配一款出色的香水就像創作一首樂曲一樣需要採用「和弦」的概念，幾種不同「香味階」的香味必須要調和的很合諧，如果香味之間不協調，那就像在「和弦」裏加入了一個不協調的音符，調配出來的「香水」聞起來就不會讓人覺得愉悅【4-09】。

但是皮爾斯並沒有對他安排「香味階」的原理多做說明，而且絕大多數的香水師並不瞭解音樂及作曲，所以皮爾斯的理論只成了歷史上的一個概念，後來的香水師調香時仍然採用經驗法則，根據香水師的經驗去調配香水，但是皮爾斯的「香味階」的概念被保存下來，只是它的內涵及名稱有了新的定義。

西元 1920 年代，威廉・普謝爾（William Poucher）提出了「香味金字塔」（fragrance pyramid）的概念[4-10]，他根據這種概念去調配香水及描述一款香水的香味。根據香味揮發速率的快慢，普謝爾把香水的成份區分為三個「香味階」。第一個香味階是「頭前香」，它的英文名稱是 top note，或是 head note，這個香味階的香味是最早揮發出來的。接下來揮發出來的是「本體香」，它的英文名稱是 middle note，或是 body note。最後揮發出來的是「基礎香」，它的英文名稱是 base note。而這三個「香味階」的中文翻譯並沒有統一，因此我們可以看到許多不同的譯名，像是頭香、體香、基香；高味階、中味階、低味階；前調、中調、基調；前味、中味、後味。

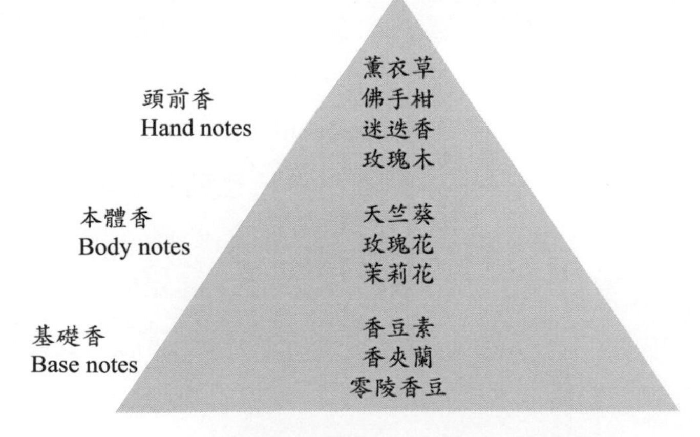

圖 4-2　「香味金字塔」（fragrance pyramid）

二十世紀初及中葉，許多具有香味的化合物被開發出來，如何將這些具有香味的化合物，以及從動、植物體裏萃取出來的精油加以歸類呢？普謝爾嘗試著去測定各種香料在聞香紙上「留香」時間的長短，他發現有些香料的香味在聞香紙上殘留的時間相當短，有些是少於一天，他把這些香料的「留香係數」（coefficient）設定為 1。但是有些香料的香味在聞香紙上殘留的時間卻相當長，因此他設定了一個上限，他把廣霍香（patchouli）及橡樹苔（oakmoss）的留香係數設定為 100，而其它香料的留香係數則根據它們香味在聞香紙上殘留時間的長短分別給予從 1 到 100 的數值。

接下來普謝爾把留香係數從 1 到 14 的香料定為頭前香（top notes），把留香係數從 15 到 60 的香料定為本體香（middle notes），把留香係數從 61 到 100 的香料定為基礎香（base notes）。

根據普謝爾發表的資料可以看出，大多數的柑橘類精油的揮發速率都很快，它們大多歸屬於頭前香之列，譬如說萊姆（2，lime）、薰衣草（4，lavender）、佛手柑（6，bergamot）、胡椒薄荷（9，pepper-mint）、甜橘（11，sweet orange）。而花香系列的精油則大多數是列於本體香之列，像是橙花（22，orange flower）、依蘭-依蘭（24，ylang-ylang）、玫瑰花及茉莉花（43，jasmine and rose）、苦橙花（50，neroli）等。歸屬於基礎香的則多屬於動物性及從樹幹萃取出來的樹脂精油。

第五章　香水的分類

當越來越多的香水被開發出來以後，有的香水師就想要把香水的香味加以分類。最早嘗試進行這個工作的是法國的香水師尤金・瑞美爾（Eugene Rimmel）。西元 1860 年，他出版了一本書，書名是《Book of Perfumes》，他把香味類似的精油劃歸為一類，譬如說他把檀香、香根和杉木歸類為檀香類（Santal），把百合（lily）、水仙（jonquil）、夜來香（tuberose）等歸類於夜來香類（Tuberose），把麝香葵（ambrette seed）、靈貓香（civet）、麝香（musk）等歸類為麝香類（Musk），在他的書裏，他列出的香味共有十八類（class）【5-01】。

尤金・瑞美爾原本是法國人，在他還小的時後，他爸爸接受了邀請去管理一家倫敦的香水公司，因而他們移居到倫敦。他跟隨他的爸爸學習調配香水及化妝品的技藝。1834 年，他們父子開設了他們自己的「瑞美爾香水化妝品公司」（House of Rimmel）。這家公司一直是由他們家族經營直到 1949 年。現今「瑞美爾」（Rimmel）這個品牌是由「考迪」（Coty）公司所擁有。

尤金・瑞美爾可說是現代美容及保養品的先驅，他的傳世創作是他發明了睫毛膏（Mascara），至今在許多的國家，像是在法國、義大利、西班牙這些國家裏，Rimmel 這個品牌代表的就是睫毛膏的意思【5-02】。

接下來還有許多其他的香水師也嘗試著將香水加以分類，但是大部份的分類方式都相當複雜，分類太過繁瑣，使用起來非常不方便。現今一般是採用比較簡化的分類方式，但是在不同的資料裏顯示的還是有點差異【5-03】。

第一類的香味（Perfume families or Fragrance families）當然是「花香調」的香水，它的英文名稱是 Floral，這一系列香水的味道是以「花香」為主，它們又分為以單一種花的香味為主的「單一花香調」（Single floral）及混合幾種花香在一起的「花束香調」（Floral Bouquet）【5-04】。在所有的香水款式裏，絕大多數的香水都是屬於花束香調的香水。奈吉・格魯姆（Nigel Groom）所列出的世界五大經典香水：香奈兒公司的「香奈兒五號香水」（Chanel No 5）、蓮娜麗姿公司（Nina Ricci）的「比翼雙飛」（L'Air du Temps）、讓・巴杜公司（Jean Patou）的「愉悅」（Joy）、蘭文公司（Lanvin）的「永恆之音」（Arpège）、嬌蘭公司（The House of Guerlain）的「一千零一夜」（Shalimar），基本上都是屬於「花束香調」的香水，但是因為在「香奈兒五號香水」、「比翼雙飛」及「永恆之音」這些香水裏添加有人工合成的醛類（Aldehyde）化合物，因此有的資料把這些香水歸類為「醛香」（Aldehydic）【5-05】。

下面列舉的是一個很簡單的「花束香」的香水配方。

5 滴	薰衣草	Lavender
1 滴	佛手柑	Bergamot
3 滴	保加利亞玫瑰花	Bulgarian rose

2 滴　　天竺葵　Geranium
3 滴　　苦橙花　Neroli
1 滴　　依蘭-依蘭　Ylang-ylang
1 滴　　茉莉花　Jasmine
1 滴　　羅馬洋甘菊　Roman Chamomile
2 滴　　檀香　Sandalwood
1 滴　　香根岩蘭草　Vetivert
1 滴　　安息香　Benzoin
1 滴　　乳香　Frankincense

但是這種情況自進入二十一世紀後有了點改變，單一花香調的香水似乎又受到了重視，譬如說原來擔任資生堂形象造型總監的法國索區．盧坦斯（Serge Lutens）於 2000 年推出了一款名為「情蘊玫瑰」（Sa Majesté la Rose）的香水，雖然基本上這款香水也是屬於花束香調，但它散發的主調是玫瑰花的香味。英國有一家歷史很悠久的香水公司「雅德莉」（Yardley），這家公司的薰衣草是很有名的，它可能是世界上最大的薰衣草生產公司【5-06】，這家香水公司推出的香水大多是單一花香調的香水，像是鈴蘭（Lily of the Valley）、木蘭（Magnolia）。單一花香調的香水在法文裏是叫做 Soliflore。

下面列舉的是一個很簡單的「單一玫瑰花香」的香水配方。

1 滴　　芫荽　Coriander
4 滴　　保加利亞玫瑰花　Bulgarian rose
2 滴　　天竺葵　Geranium

1 滴　　羅馬洋甘菊　Roman Chamomile

2 滴　　檀香　Sandalwood

1 滴　　乳香　Frankincense

第二類的香水是屬於「東方香調」（Oriental）的香水，這一類香水的典型代表作品是伊夫・聖羅蘭（Yves Saint Laurent）公司於 1977 年推出的一款名為「鴉片」（Opium）的香水，這種香水讓西方人回憶起十九世紀英國維多利亞女王時代對東方的印象【5-04】，在煙霧迷漫的鴉片館裏，空氣裏充滿著中草藥的麝香及濃郁的脂粉味，這類香水的特點是它的基礎香是以動物性的香料為主，像是麝香及龍涎香等。這種香調的香水還有另外一個英文名稱是 Ambery，大部份的中文書籍是把這種香調翻譯為「琥珀香調」，但是這樣的中文譯名是不對的，因為這裏的 ambery 指的是 ambergris【5-07】，也就是龍涎香。

琥珀（amber）是幾千萬年前的松柏植物的樹脂被埋藏於地底下，經過長久的地質時期，樹脂失去了揮發性的成份，固化形成固體有機樹脂化石（fossil），因此琥珀常見於煤炭層。在北歐波羅的海附近地區的琥珀大部份是在海邊被發現的，這是因為深埋在海底下的琥珀被海浪給衝到海岸上，因此在北歐地區專門有人到海邊去找琥珀，但是在其它地區，大部份的琥珀是在採礦時給挖掘出來的。

琥珀的顏色有許多種，有黃色、橙黃色、黃棕色、褐黃色、或是暗紅色，呈現透明或是半透明的油脂光澤，但是大部份的顏色是黃棕色的，所以在英文裏常被叫做 brown amber。

琥珀可以溶解在酒精裏，加熱到 150°C 會軟化，加熱到 250°C～300°C 會熔融，會散發出芳香的松脂香氣味【5-08 & 5-09】。

而龍涎香是來自於抹香鯨，抹香鯨很喜歡吃大烏賊，吃了大烏賊以後，不能被消化的烏賊嘴喙刺激了抹香鯨的腸子分泌一些類似於油脂的物質把烏賊的嘴喙給包裹住，當這種東西大到一定的程度後，不是被排泄出來，就是被吐出來。當龍涎香被吐到海裏後，它就在海面上漂流，最後有的會漂到海岸上，所以大部份的龍涎香是在海邊被找到的。龍涎香在海面上漂流，經過長久的日曬，它的顏色會轉變，當然它所含的成份也會改變。有一種說法認為日曬的時間越長，它的品質越好，顏色也越白，所以品質最佳的龍涎香是白色的，黃棕色的次之，黑色的品質最差【5-10】。一般被發現的龍涎香的樣子都很像是塊石頭，但實際上它是蠟狀的油脂物質，融點很低。龍涎香的英文名字是 ambergris，這個字是從法文的 ambre gris 來的，它的意思是「灰色的琥珀」（grey amber），美國人把 grey 寫成 gray。

在植物精油裏與龍涎香香味最類似的應該是勞丹脂（labdanum），因此人工合成的龍涎香是以勞丹脂為基礎，再加上些香草（vanilla）、安息香脂（benzoin）及一些植物膠、或是植物精油所調配出來的，譬如說有的商品會添加些玫瑰精油，當然也有的會添加人工合成的香味單體，譬如說添加些甲基紫羅蘭酮，如果人工合成的龍涎香是用於調配高級的香水，那麼通常會再添加些麝貓香、或是海狸香。因為所用的原料裏有的是呈固體狀的，因此會先加熱，讓它們融化成液體後再攪拌均勻，冷卻後又成了固體，或是黏稠狀的膠體，這種東西叫做 ambres。

下面列舉的是一個很簡單的「人工合成龍涎香」（ambres）的配方[5-07]。

5 滴	勞丹脂　Labdanum
1 滴	香草　Vanilla
20 滴	安息香脂　Benzoin

這個配方可以做為「東方香調」香水的基礎香，也可以直接加到酒精裏調配成香水使用。

第三類的香水是「柑苔香調」（Chypre）的香水，也有的資料把這種香調直接音譯為「旭蒲鶴香調」。這種香水是源起於位於地中海的塞普路斯島（Cyprus），塞普路斯的法文是 Chypre。可能是在十字軍東征的時候，一種稱之為「塞普路斯水」（Eau de Chypre）的香膏傳到了歐洲，當時這種香膏是以塞普路斯島所出產的勞丹脂加上蘇合香所調製而成的。到了十四世紀，這種香膏的配方有了改變，它們添加了橡樹苔[5-01]。

1917 年，法國的香水師佛朗索瓦茲・考迪（Francois Coty）推出了一款以「Chypre」為名的香水，這款香水開創了「Chypre」這一香調的名稱，這種香調香水的特色是以橡樹苔為基礎香，以佛手柑（bergamot）為前調。現今所謂的「柑苔香調」（Chypre）的香水主要是以橡樹苔、廣藿香、勞丹脂、檀香、香根岩蘭草為基礎香，有的會再加上麝香、龍涎香等動物性香料做為定香用，再以佛手柑、或是檸檬為頭前香，然後再搭配上一些花香，像是玫瑰花、茉莉花做為本體香，當然以這樣的配方所調配出的香水可以再以其它的花香加以潤飾，這樣就更豐富了柑苔香調香水的品味了。

下面列舉的是一個很簡單的柑苔香調香水的基本組成[5-11]。

4 滴　　薰衣草　Lavender
4 滴　　雪松　Cedarwood
4 滴　　冷杉　Fir needle
2 滴　　佛手柑　Bergamot
1 滴　　茉莉花　Jasmine
1 滴　　依蘭-依蘭　Ylang-ylang
2 滴　　橡樹苔　Oakmoss
1 滴　　香根岩蘭草　Vetivert

當然上面的配方表只是一個參考，只是用來說明柑苔香調香水的基本組成，當然它還可以再添加上其它的精油，或是芳香化合物，讓整個香水的香味更豐富，這個部份就是個人所能盡情發揮表現的地方了。

第四類的香水是「馥奇香調」（Fougère）的香水，「馥奇」是從法文的 Fougère 這個字直接音譯過來的，法文裏的 Fougère 就是英文的 Fern，它的意思是羊齒植物。到目前為止，在全世界各地所找到的羊齒植物大概已超過了 3000 種，但是只有很少數幾種是有香味的，譬如說在英國有一種當地俗名為 male fern，學名為 *Dryopteris felixmas* 的羊齒植物，如果把它的根挖出來曬乾，再用酒精浸泡，然後於真空下把酒精抽掉，那麼所得到的純精是帶有點香草味，有的資料說它還帶點麝香味，如果一款香水裏添加了這種純精是被叫做為「馥奇香水」[5-01]。

但是在香水這個領域，現今被稱之為「馥奇香調」的香水是有另外一個意義，這種香調的創始作品是霍比格恩特公司推出的「馥奇皇家」（Fougère Royale）。這一類的香水主要是以橡樹苔為基礎香，以薰衣草為前調所調配出來的香水。現今的馥奇香調香水的基礎香包括了橡樹苔、廣藿香、檀香、香根岩蘭草、快樂鼠尾草（clary sage）、零陵香豆，而它的前調會以玫瑰木（rosewood）、雪松（cedarwood）等木質香味來潤飾薰衣草的味道，然後再以玫瑰花，茉莉花的香味來提味，讓香水帶點花香的甜味。

從上面的討論我們會發現馥奇香調香水的基本配方與柑苔香調香水的基本配方是很類似的，它們的主要差別是在馥奇香調的香水特別強調薰衣草的香味。

下面列舉的是一個很簡單的馥奇香調香水的基本組成[5-11]。

12 滴	薰衣草　Lavender
4 滴	雪松　Cedarwood
2 滴	保加利亞玫瑰花　Bulgarian rose
2 滴	檀香　Santalwood
2 滴	橡樹苔　Oakmoss
1 滴	香根岩蘭草　Vetivert

第五類的香水是「木質香調」（Woody）的香水。顧名思義，這類的香水強調的是松柏植物的木質香味，或是帶點樟腦

味道的木質香味。木質香調香水的基本組成與馥奇香調的香水很類似，只是木質的香味加強了許多。這種香調的香水會大量的使用香根岩蘭草、雪松、玫瑰木、檀香等木質及土質的精油。

下面列舉的是一個很簡單的木質香調香水的基本組成【5-11】。

6 滴	杜松子　Juniper berry
6 滴	雪松　Cedarwood
2 滴	羅馬洋甘菊　Roman chamomile
3 滴	檀香　Santalwood
1 滴	乳香　Frankincense
1 滴	沒藥　Myrrh
1 滴	香根岩蘭草　Vetivert

第六類的香水是「綠意香調」（Green）的香水。聞到這種香水會讓人覺得似乎是散步在原野的郊外，品詠著剛割過的草地所散發的草香及早上霑滿露珠的松柏樹葉所散發的松脂香，所以綠意香調的香水會強調冷杉（fir）、雪松、杜松子、白松香（galbanum）的木質香味，再加上羅勒（basil）、迷迭香、快樂鼠尾草等的青草味，有的會再以薰衣草，或是淡淡的檸檬香去修飾、圓潤木質香味的陽剛氣芬。綠意香調是較新的香水分類方式裏的一種香調，有的香水師把綠意香調看成是「淡化的」柑苔香調，或是認為是柑苔香調的現代化詮釋【5-04】。

下面列舉的是一個簡單的綠意香調香水的基本組成【5-11】。

8 滴　冷杉　Fir
2 滴　杜松子　Juniper berry
2 滴　橘子　Tangerine
2 滴　雪松　Cedarwood
1 滴　芫荽　Coriander
1 滴　保加利亞玫瑰花　Bulgarian rose
1 滴　檀香　Santalwood

另外一個綠意香調香水的基本組成就比較複雜了：

7 滴　薰衣草　Lavender
3 滴　迷迭香　Rosemary
2 滴　雪松　Cedarwood
2 滴　山蒼子　Litsea cubeba
2 滴　杜松子　Juniper berry
2 滴　橘子　Tangerine
1 滴　佛手柑　Begamot
1 滴　馬鞭草　Verbena
2 滴　橘花　Neroli
1 滴　保加利亞玫瑰花　Bulgarian rose
1 滴　天竺葵　Geranium
2 滴　廣藿香　Patchouli
1 滴　檀香　Santalwood
1 滴　岩蘭草　Vetiver
1 滴　快樂鼠尾草　Clary sage
1 滴　檀香　Santalwood

第七類是「辛香料香調」（Spicy）的香水。這類香調的香水是以食用香料的香味為主，像是肉桂（cinnamon）、小荳蔻（cardamom）、丁香（clove）、薑（ginger）等，然後以薰衣草、玫瑰花、或是茉莉花的香味加以修飾。但是因為在這種香調的香水裏含有許多會引起皮膚過敏的成份，像是丁香及肉桂，因此現今是比較少見到的。

下面列舉的是一個簡單的辛香料香調香水的基本組成【5-11】。

5 滴	薰衣草　Lavender
2 滴	多香果　Allspice
1 滴	胡椒　Pepper
1 滴	小荳蔻　Cardamom
1 滴	肉桂　Cinnamon
1 滴	薑　Ginger
1 滴	保加利亞玫瑰花　Bulgarian rose
3 滴	檀香　Santalwood
1 滴	香根岩蘭草　Vetivert

第八類是「柑橘香調」（Citrus）的香水。這類的香水是以橘子、檸檬、萊姆這些柑橘類水果的香味為主。

下面列舉的是一個簡單的柑橘香調香水的基本組成【5-11】。

10 滴	佛手柑　Bergamot
2 滴	薰衣草　Lavender
2 滴	卑檸油　Petitgrain
2 滴	橘子　Tangerine

1 滴　　依蘭–依蘭　Ylang–ylang
4 滴　　苦橙花　Neroli
2 滴　　山蒼子　Litsea cubeba
1 滴　　乳香　Frankincense

第九類是「皮革香調」（Leather）的香水。這類香水被描述為是帶著煙燻的甜味。它是以雪松、杜松、白樺樹脂、煙草的精油所調配出的香水，白樺樹脂的味道與橡樹苔的味道很類似，所以也可以用橡樹苔來取代白樺樹脂。另外可以用香草，或是蜂蜜來修飾它的甜味。一般來說，皮革香調的香水是很不容易調配的，下面列舉的是一個很簡單的皮革香調香水的基本組成【5-11】。

4 滴　　杜松　Juniper
4 滴　　快樂鼠尾草　Clary sage
4 滴　　香根岩蘭草　Vetivert
2 滴　　橡樹苔　Oakmoss

第十類是「海洋香調」（Oceanic）的香水，或是「水感香調」（Watery）的香水。這類香水被描述為是散發出海風吹來的海洋味道，或是一種水感的味道。這類香水的主要成份是一種人工合成的香味單體西瓜酮（Calone），因此在這裏我們就不討論了。

西元 1983 年，澳洲的香水師邁克爾・愛德華（Michael Edwards）發展出一種新的香味分類方式，這種分類方式稱之為香味輪（Fragrance wheel）。他把香水的香調分為五大系列

（Families）：「花香調」（Floral）、「東方香調」（Oriental），「木質香調」（Woody）、「清新香調」（Fresh）、「馥奇香調」（Fougère）。除了馥奇香調以外，其它四個香調又細分為二個、或三個「子香調」（subgroups），它們分別是：

花香調（Floral）：花香（Floral）、淡花香（Soft Floral）、東方花香（Floral Oriental）。

東方香調（Oriental）：淡東方香（Soft Oriental）、東方香（Oriental）、東方木香（Woody Oriental）。

木質香調（Woody）：橡苔木香（Mossy Woods）、乾燥木香（Dry Woods）。

清新香調（Fresh）：柑橘香（Citrus）、綠意香（Green）、水感香（Water）。

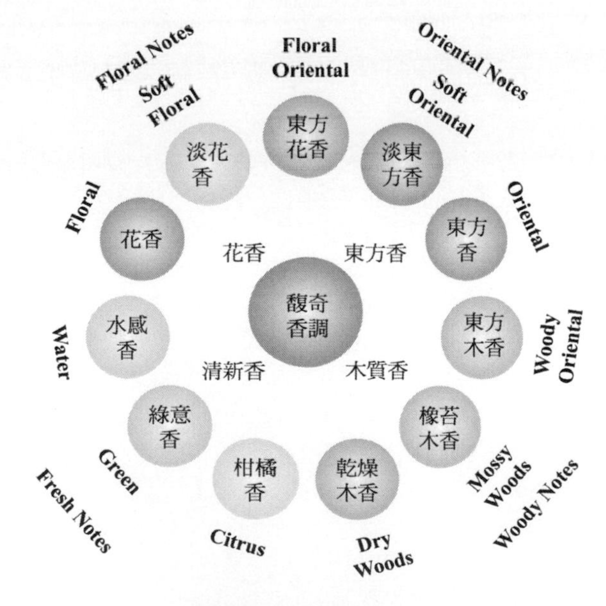

圖 5-1　香味輪（Fragrance wheel）[5-12]

邁克爾・愛德華把這四種主香調和十一種子香調安排在一個圓圈的四周，每一種主香調分別的面對著四個不同的方向，而每一種子香調與相鄰的子香調間有香味的重疊，或是說每一種子香調的香味當添加了另外一種主香調的成份，子香調的香味就為往添加的主香調香味移動。圓圈的中心是「馥奇香調」，這樣的安排是強調「馥奇香調」的「涵概性」，因為馥奇香調的香水往往是包含了其它四種主香調中的成份，譬如說「馥奇香調」香水裏的橡樹苔及雪松是來自於「木質香調」，薰衣草及玫瑰花的香味來自於「花香調」，檸檬香味來自於「清新香調」，而「零陵香豆」（Tonka bean）或是龍涎香的香味是來自於「東方香調」【5-12】。

第六章 香水的調配

調配香水是把一些人工合成的芳香化合物－香精，或是把從動、植體裏萃取出來的精油、酊劑（Tincture）給加到酒精裏，或是加到不會酸敗的荷荷葩油（Jojoba oil）裏，或是加到凡士林裏，當施用於人體，或是施用於生活周邊的空氣時，會讓人聞起來覺得很愉悅，很舒暢。

有的香水會加了很多的香精，或是精油，有的香水就加的不多了，在香水這個領域，對於這種因香精、或是精油添加量的不同會給予不同的名稱，一般來說，這種名稱是以法文標示的。

濃度最濃的香水會添加百分之十五到百分之三十的香精或是精油，這種香水稱之為「濃香水」，它的法文名稱是Parfum，通常的添加量是百分之二十【6-01】。

濃度次之的香水裏含有百分之十五到百分之二十五的香精或是精油，一般的添加量是百分之十五。這種香水的法文名稱是 Eau de Parfum，中文的翻譯名稱是「香水」。法文裏的「eau」相當於英文的「water」，中文的意思是「水」，它的發音唸起來像國語的「歐」。法文裏「de」的意思相當於英文的「of」，發音唸起來像國語的「的」。「parfum」相當於英文的「perfume」，法文裏的「p」唸起來比較像英文的「b」，Parfum 唸起來有點像國語的「吧芳」【6-02】。

濃度再次之的香水是含有百分之五到百分之二十的香精或是精油，一般的添加量是百分之十。這種香水的名稱是 Eau de Toilette，中文的翻譯名稱是「淡香水」。法文「toilette」的意思是「女士們化妝用的房間，或是女士的化粧用品，或是女士的梳粧、打扮」。「Toilette」裏的「oi」唸起來像國語的「哇」，「toilette」唸起來像「ㄊㄨㄚ 類」。

濃度再淡的香水是含有百分之二到百分之五的香精或是精油。這種香水的法文名稱是 Eau de Cologne（ō də kəlōn'）【6-03】，中文的翻譯名稱是「古龍水」。所以 Eau de Cologne 這個名稱是有二個意義，一個是「香精、或是精油的含量在百分之二到百分之五的香水」，另外一個意思指的是十八世紀德國科隆的吉歐凡尼・瑪麗亞・法西納（Giovanni Maria Farina）所推出的「科隆水」（Kölnisch Wasser）。

西元 1882 年，霍比格恩特公司在「馥奇皇家」香水裏添加了人工合成的香豆素之後，採用人工合成的香精（aroma chemicals）作為香水原料的趨勢就一直未停過，甚至於完全採用人工合成的香精去調配香水更是香水這個領域的主流，只有在非常昂貴的香水裏才會使用天然的精油，然而使用天然精油的目的也只是用於潤飾，或是圓潤合成香水的香味。

雖然有的評論者對這樣的作法深不以為然，但是這樣的作法是有它的必然性，因為絕大多數的天然精油是萃取自植物的根、莖、葉、花，這些部位所含的成份不是一成不變的，它們所含的成份不但隨著生長的地區、環境、氣候的變遷而改變，也隨著生長的季節而改變，有的甚至於是早上和下午就有很大的變化。有一種名叫「小蒼蘭」的植物，花的顏色有很多種，其中以白色的花所散發出的香味最為精緻，它的香味是屬於清香型的，但是如果在一片花圃裏種滿了這種小蒼蘭，那麼這些小蒼蘭所開的花就一點香味都沒有了。

因此從植物的根、莖、葉、花裏所萃取出來的精油的香味是有很大的變化，這對一個知名的香水公司來說是很困擾的，因為就是依照同一個配方所調配出來的香水可能都有很大的差異，今年買的香水與去年買的香水的香味可能就不一樣，甚至於可能在香港買的香水和與在巴黎買的香水的香味就不一樣，這對一個銷售網遍及全世界的知名香水公司來說可能是一個不能承擔的夢魘。因此現今世界上幾乎絕大部份的香水主要都是用人工合成的香精調配出來的。

一瓶香水裏所含的「香水」的成本可能比香水瓶的價值都還要低，但是為什麼知名香水的價格還是那麼昂貴呢？每當一款新的香水推出之後，如果想要讓消費者知道，那麼香水公司必須在所有的媒體上作廣告、報紙、雜誌、廣告傳單、電視、電影上的廣告，成品發表會的模特兒，代言的明星，這一切的花費全算在每一瓶的香水上。這不只是在一個國家，以一種文字來刊登，而是在全世界所有的國家，以不同的文字來刊登。這不是一個月的事，而是每一個月，經年累月的事。所換來的是消費者的信賴及使用者「高人一等」的價值感。

既然香水的價值不單是決定於其香水原料的成本，那麼調配香水的配方應該就不值什麼錢了吧！ 其實不然，調配香水的配方是屬於一個香水公司最機密的部份，這包括了原料是購自那一家公司都決定了香水品質的好壞。

因此對一位初學者來說，想要「自學」著去調配一款香水，有時並不是一件那麼容易著手的事。但是調配香水真的有那麼難嗎？其實調配香水並不難，甚至可以說是一件非常簡單的事，只是要走到商業上的香水調配，那就是困難度非常高的事。對初學者來說，如何取得香水原料就不是一件很容易的事，因為世界上生產香水原料的公司就那麼幾家，它們的銷售對象是以世界知名的香水公司為主，這些香水公司的購買量可能是以「油灌車」來載運的，對買個 10 克、20 克的初學者來說，那可是「店大欺客」，甩都不甩您。好吧，那就買個最小量的一公斤吧，但是一次要買個幾十種原料，那又是一件很頭痛的事，「八字都還沒有一撇」，聞都沒聞過，連個什麼味道都不知道，就要買個幾十個一公斤，「這麼大的手筆」就讓想嘗試的念頭「胎死腹中」了。

另外對初學者來說，還有一件並不是那麼容易的事，那就是如何找到一本能「比手畫腳」跟著學的書籍。在香水這個領域裏是有三本可以稱得上是「聖經」的「教科書」。這三本書是香水大師威廉・普謝爾（William Poucher）所寫的《Perfumes, Cosmetics & Soaps：The Production, Manufacture and Application of Perfumes》。普謝爾在這三本書裏列舉了非常多的香水配方，但是在這三本書裏所列舉的例子裏，絕大多數是以人工合成的香精做為調配香水的原料，這又對不是學化學的造成很大的困擾。有許多歷史上知名的香水師是不懂化學的，但是他們大多具有些機緣，他們能直接的接觸到香水的原料，習慣上，他們已把人工合成香精的香味與香精的名稱直接連在一起，他們跳過了化學背景知識這個橋樑，就好像我們會直接的把天然精油的香味與它們的名稱連在一起，而不在乎天然精油裏到底有那些成份。

基於這個認知，在這本書裏我們主要討論的範圍是採用天然的精油去調配香水，而在另外一本《香水化學成份淺說》的書裏才會討論使用人工合成的香精去調配香水，當然在那本書裏還是盡可能的以「芭比娃娃換裝」的方式去討論人工合成的香精。

西元 1994 年，在芳療領域裏相當知名的克莉西‧懷伍德（Chrissie Wildwood）出版了一本書，書名是《Create Your Own Perfumes Using Essentials》（使用天然精油開創自我的香水）【6-04】，懷伍德寫的這本書可能是多年以來第一本介紹以天然精油為原料用於調配香水的書。懷伍德女士的專長是在芳香治療（Aromatherapy）這個領域，有關香水的知識主要是來自她的自學，可能是因為她的芳療領域的專業背景，在她的書裏所列舉出的配方似乎比較接近於「芳療香水」（Aromatherapy Perfume）。利用天然精油去調配「香水」與調配用於芳香治療的「芳療香水」可以說是大同小異，一般的認知是認為調配芳香治療用的芳療香水大概最多只需要四、五種精油，而且並不刻意區分精油的揮發速率是屬於頭前香，本體香，或是基礎香之類的。然而如果要調配一款香水，那所用的精油往往超過十種以上。當然這與使用合成香精去調配香水是不可同日而語的，使用合成香精去調配香水往往會用到幾十種，甚至於上百種以上的香精。其實這也是很正常的，因為一種精油所含的主要成份往往也有幾十種，因此當調配一款精緻的香水時，使用到上百種以上的合成香精是一件很平常的事。

西元 2001 年，曼蒂・艾佛帖兒（Mandy Aftel）寫了一本文學氣息非常濃厚的香水書，書名是《Essence and Alchemy：A Book of Perfume》【6-05】，這本書已有翻譯本，書名是《香水的感官之旅—鑑賞與深度運用》【6-06】。艾佛帖兒原來是一位作家，因為對香水的喜好，靠著自學成為一位名氣不小的香水師，她開課教「如何調配香水」，也成立了自己的香水公司 Aftelier，她作為客戶的香水顧問，也為客戶量身配製香水。

從懷伍德與艾佛帖兒二位女士的經歷我們可以發現，調配香水並不是一件非受過專業訓練不可的工作，「只要我喜歡，有什麼不可以」，世上的事往往是「有夢就美，希望相隨」。

對一位初學者，如果想要自己去配一款香水，那麼從無到有是要花很多的時間去摸索的，但是如果能遵循「前人的腳步」，「參考別人的經驗」也許是進入香水這個領域一個不錯的開始點。

在開始學習調配香水前，也許熟悉精油的味道是一件必需先做的功課。滴一滴精油在聞香紙上（scent strips），然後聞聞它的味道，看看是否聞得出別人所描述的香味，是否能認知精油的香味類別，是土質的味道？ 還是香膏的味道？ 還是辛辣的味道？ 當吸取精油時，最好是一種精油使用一支滴管，不然每次取完精油後都要再三沖洗乾淨後才能再使用。

曼蒂・艾佛帖兒在《Essence and Alchemy：A Book of Perfume》這本書裏談到，根據她的經驗，「調配一款香水最好是從基礎香開始」，但是對一位初入門的愛好者來說，也許根據一個基本配方，從本體香入手也許是一個不錯的嘗試，因為這樣可以瞭解到基礎香的作用，看看基礎香是如何改變一款香水的香味。

我們就從一款很簡單的花束香開始談起。

5 滴	薰衣草　Lavender
1 滴	佛手柑　Bergamot
3 滴	保加利亞玫瑰花　Bulgarian rose
2 滴	天竺葵　Geranium
1 滴	茉莉花　Jasmine
3 滴	苦橙花　Neroli
1 滴	依蘭-依蘭　Ylang-ylang
1 滴	羅馬洋甘菊　Roman Chamomile
3 滴	檀香　Sandalwood
1 滴	乳香　Frankincense
1 滴	香根岩蘭草　Vetivert
1 滴	快樂鼠尾草　Clary sage
1 滴	安息香　Benzoin

我們可以拿一個噴霧式的香水瓶，打開瓶蓋，旋下噴霧噴頭，然後倒入 20 ml、或是 25 ml 香水級的酒精。拿一根乾淨的滴管，從「保加利亞玫瑰花」精油瓶裏吸取約 5 滴的玫瑰花

精油，靠近鼻子聞一聞，但不要碰到鼻子，然後滴 3 滴到香水瓶裏，搖一搖，讓玫瑰花精油分散到酒精裏，然後鼻子再靠近香水瓶的瓶口，再聞一聞，聞聞看玫瑰花的香味是不是還是一樣的。

然後再拿一根乾淨的滴管，從「茉莉花」精油的瓶子裏吸取幾滴的茉莉花精油，還是先靠近鼻子聞一聞，然後再滴 1 滴到香水瓶裏，搖一搖，讓茉莉花精油分散到酒精裏，然後再聞一聞，聞聞看玫瑰花混合茉莉花的香味是怎樣的，是不是還能分辨出玫瑰花和茉莉花的香味，還是它們已「融合」成為另外一種香味。

加入 3 滴香味清新的苦橙花後，再聞聞看，整體的香味是不是感覺清新點了，再加 1 滴依蘭-依蘭精油後，再聞聞看，整體的香味是不是有點趨向於「脂粉味」了。談到這裏，我們可以發現，加一點這個，整體的香味變了，加一點那個，整體的香味又變了，似乎調配香水變成了一種「只要我喜歡，有什麼不可以」的藝術。

當嘗試著聞依蘭-依蘭精油的香味時，如果手邊有一瓶香奈兒五號香水，也許可以拿出來對照著聞一聞，聞一聞依蘭-依蘭精油的味道，然後再聞一聞香奈兒五號香水的香味，這時也許會發覺，香奈兒五號香水香味的主調是依蘭-依蘭花的香味。

但是有的人聞了依蘭-依蘭精油的香味後會覺得噁心，那麼也可以只加半滴的依蘭-依蘭精油。半滴？那要怎麼加？其實這種情況是常發生的，有時我們會覺得如果用某一種純的精油去調配香水，會感覺到濃度似乎太濃了，似乎那個精油的味道太強了點，這時我們可以用稀釋後的精油來調配。所謂稀釋的精油是把精油加到酒精裏，讓精油的濃度變低。一般常用的稀釋濃度是 10%，也就是說把 1 ml 的精油加到 9 ml 的酒精裏。雖然嚴格的講，這樣配出來的精油濃度不一定是 10%，但這樣的配法是比較簡單的，如果不是商業上的考量，這樣的配法對最後的產品不會有太大的影響。

因為酒精很容易揮發，所以也可以將精油加到「二丙二醇」（Dipropylene Glycol）裏，二丙二醇是一種帶著點淡淡甜味的無色液體。二丙二醇有兩種等級，一種是工業級的，一種是香水級的，既然我們是用來調配香水，當然是用「香水級」的二丙二醇。如果是用 10% 濃度的依蘭-依蘭精油，那麼半滴純的依蘭-依蘭精油就相當於 5 滴濃度為 10% 的依蘭-依蘭精油。

接下來，依序加入 2 滴的天竺葵，1 滴的羅馬洋甘菊，5 滴的薰衣草，3 滴的檀香，1 滴的快樂鼠尾草，1 滴的乳香，每加入一種精油後就要搖搖香水瓶，讓加入的精油能很均勻的分散到酒精裏，同時也要聞聞看香味的變化。當把乳香加入後，把噴霧噴頭蓋上，大力的搖動，讓所有的精油都能充分的混合，然後噴一點香水在手腕上，聞聞看，喜歡嗎？「這不是爸爸買給您的，是您自己調配的」。調配出來的這個香水，有人會喜歡，有人不喜歡，不要期望每個人都喜歡，頂多了不起會聽到「還不錯」，如果聽到有人說「呀！這是什麼東西，怎麼這麼難聞」時也不要難過，因為「蘭茝蓀蕙之芳，眾人所好，而海畔有逐臭之夫」。

我曾經拿香奈兒五號香水給學生聞，大概幾百位學生裏會有一、二位很喜歡，而大多數的學生都覺得不怎麼樣，甚至有的學生覺得噁心，但是如果聞的人是成年人，那麼喜歡的人就比較多了。所以不同的年齡，不同的職業背景，不同的性別，不同的教育程度，不同的國籍對香水的偏好都不同，現今不少年輕學生似乎比較偏好「帶著點果香的淡茉莉花香」香水。

打開噴霧噴頭，加入 1 滴香根岩蘭草（vetivert），再聞聞看，整體的香味是不是變得「脂粉味」沒那麼濃了，整體的香味是不是變得豐厚些了，好像「鮮花有了綠葉陪襯」的感覺，但是香根岩蘭草精油的味道是像泥土的土質味道，所以一個不是那麼好聞的精油當加到香水裏時，它也許會讓整個香水顯得更「豐富」。

然後再加 1 滴安息香，搖勻後，再把噴霧噴頭蓋上，再大力的搖動，然後再噴一點在另外一隻手的手腕上。聞聞看有什麼不一樣的地方，隔一小時以後再分別聞聞看噴灑在二個手腕上的香水有什麼差別？隔二小時後、隔三小時後、隔四小時後，再分別聞聞噴灑在二個手腕上的香水有什麼差別？這時我們應該可以聞得出噴灑在二個手腕上的香水有什麼差別了。添加了安息香後，整個香水的香味會保持的比較久一點，或是說留香的時間比較長。因此我們可以看出，有些被歸類為基礎香的精油會讓整個香水的香味散發的比較慢，也就是說留香的時間比較久。在香水這個領域裏，對具有這種性質的基礎香精油是給予另外一個名稱，稱它們為「留香劑」，也有的稱它們為「定香劑」，留香劑或是定香劑的英文名稱是 Fixative。

最後再加上一滴佛手柑精油作為整個香水的結尾，一般來說，柑橘類的香味會賦予一款香水「清新」的感覺，但是如果加的太多，常常會有「喧賓奪主」的意味，讓整體的香味變得很奇怪，也就是說它會「毀」了所要配的香水，因此當添加柑橘類香味的精油時要特別小心，「寧願少，也不要多」，除非您要配的是帶著「柑橘香」的香水。

如果自己想配一款自己喜歡的香水，那麼要怎麼著手呢？ 曼蒂・艾佛帖兒在《Essence and Alchemy：A Book of Perfume》這本書裏給了很好的建議，那些建議是艾佛帖兒在為客戶量身配製香水時所採用的步驟，當然這些步驟也適用於調配自己喜歡的香水。

首先聞聞被歸類為頭前香的精油，聞聞看那些是非常喜歡的，把這些歸為一類，通常這些精油是要加到您自己的香水配方表裏的。看看還有那些是還可以接受的，把這些精油歸為另一類，這些精油是可加，也可不加，完全看自己的喜好。

用同樣的方法去歸類本體香和基礎香的精油，列為非常喜歡的精油是列為配方表上的首選。但是對基礎香來說，它的困難度比較大，因為有些基礎香精油的味道並不吸引人，但是當加到香水裏以後，它的作用卻很奇妙，有時會讓整個香水變得更迷人，這個部份是需要靠點經驗，當然有時是要靠點運氣。

當選好自己喜歡的精油後，就可以開始調配自己喜歡的香水了。這時，精油的添加順序是先嘗試著添加些基礎香，再加本體香，最後才是頭前香。但有的人不喜歡柑橘香，因此也可以不加頭前香的精油。但也有的人只喜歡柑橘香，不喜歡柑橘香的香味被其它基礎香的精油給「搞混」了，這時也可以從頭前香開始，調配完以後，再以淡淡的花香潤飾，這就完成了自己的作品。當然也可以加點香草（vanilla），或是加一點植物性的人工調合龍涎香，就個動作就好像烹調食物最後的「勾芡」，可以讓整個作品聞起來有點「厚實」的感覺。

通常基礎香、本體香、頭前香之間的比例是多少呢？艾佛帖兒女士的建議是 4：3：3，當然這只是艾佛帖兒女士的建議，您自己也可以做些調整，譬如說在花束香的香水裏，基礎香、本體香、頭前香之間的比例可以是 3：5：2，但是就是 2：6：2 也沒什麼不可以，自己喜歡就好。另外用滴管滴加精油時，到底多少滴是 1 ml，一般來說，1 ml 相當於 20 滴的精油。

同樣的，我們先拿一個噴霧式的香水瓶，打開瓶蓋，旋下噴霧噴頭，然後倒入 20 ml、或是 25 ml 的香水級酒精。然後分別拿些乾淨的滴管，吸取一滴自己喜歡的基礎香精油，加到酒精裏，每加入一種精油後，就要搖動一下香水瓶，讓精油能充分的混合到酒精裏，同時也要聞聞看混合後的味道自己喜不喜歡，如果覺得自己特別喜歡某一種精油的味道，也可以再多加一滴或是二滴。

加完基礎香後，再以同樣的方式添加本體香及頭前香。當在進行調配的工作時，最好是能記錄下添加了什麼，添加了幾滴，精油添加的次序等等，如果可能，最好也能記錄下自己的感覺，因為似乎不太可能第一次上手就能配出自己十分滿意的作品，如果記錄下自己的經驗，對以後的調配工作會有些幫助。

第七章 動植物的學名

我們每個人都有一個名字，這個名字是每一個人的代表符號，它的作用應該是用來區分個別的個體。這個符號可以是語音的代表符號，當有人叫您的名字時，您知道有人在叫您。名字也是種圖型符號，當有人寫出您的名字時，您知道有人提到您。不過這種名字符號是有缺陷的，因為可能有很多人是取了同一個名字，這可從電話號碼簿所列的名字看出來，有的名字只有一個人，有的名字卻有一大串。

當有一群人在一起時，如果我們能分別出他們個體間的區別，那我們會叫他們的名字，像是「李小明」，「吳大為」。如果我們無法區分個別的個體，那我們只好給那一群人一個名稱，譬如說「美國人」、「日本人」。同樣的情況也適用於我們家裏所養的寵物，我們會為我們養的寵物取個名字，像是「小花」，「乖乖」。如果是一群動物，那麼我們會為那一群動物取一個名稱，稱它們為「狗」，或是「貓」之類的名稱。狗，或是貓這些名稱不單是代表那一群動物，也代表了那一群動物裏的個體，當我們看到了一隻貓會叫它「貓」。

這種命名的方式也擴張到我們周遭的事務，譬如說玫瑰花，茉莉花之類的名稱。但是這種名稱會隨著地域，國家，時代而改變，像是茉莉花又叫做木梨花、三白、抹麗花、遠客，英國人則稱它為 jasmine。對科學家來說，這樣的命名法是不對的，因為對某一個領域的科學家來說，一個「名稱」的內涵，或是說它的定義必須是很嚴謹的。同樣的對「名稱」的形式也要界定的很清楚的，不論在那一個國家，不論是什麼人，當討論到同一個「事務」時，他們所使用的「名稱」及這個名稱所代表的內涵都必須很明確，而且是一致的。

在生物學這個領域所採用的命名法是十八世紀瑞典生物學家卡爾・馮・林奈（Carl von Linné）所定下的原則，那就是一個物種的學名是由物種的「屬名」及「種名」所構成，這種生物命名的方法稱作「雙名法」。通常學名的「屬名」都會是拉丁文，但「種名」就不一定了，中國近來發現的恐龍，學名的種名是用中文的。

最早，「界」是生物分類法中最高的類別。一開始，生物學家只把生物分為動物界和植物界這兩界。微生物被發現以後，長時期的被劃入動物界或是植物界。好動的微生物被分入動物界，有色素的藻類或是細菌被劃入植物界，有些甚至同時被放入動物界和植物界。後來，沒有細胞核的細菌被劃分來，獨立成為一界，再後來真菌被分出植物界，也成為獨立的一界，最後獨立為界的是古菌界。

然而基因學上的研究發現這種分類法並不十分正確，因此引入了「域」（Domain）作為生物分類法中的最高類別。但是生物學家對「域」的分類方式並沒有取得完全一致的看法，因此現今的資料顯示有「二域說」及「三域說」。根據有沒有細胞核，生物分為原核生物域及真核生物域，這種分類方式是二域說。1990 年代，美國的微生物學家卡爾・理查・沃斯（Carl

Richard Woese）又把原核生物域分為細菌域和古菌域，因此三域說是將生物分為細菌域、古菌域及真核域。

「域」的下面是「界」（Kingdom），我們所熟知的動物界及植物界就是在這個「層次」。界的下面是「門」，但是它的英文名稱在動物界是 Phylum，在植物界是 Division。譬如說「人」在生物分類法裏是被歸屬於真核域、動物界、脊索動物門。

門的下一級是綱（class），「人」是歸屬於哺乳綱。綱的下面是「目」（order），「科」（family），「屬」（genus），「種」（species）。因此「人」在生物分類上的地位就是靈長目，人科，人屬，智人種。人的拉丁文是 Homo，因此人屬的學名是 Homo。而現在的人是歸屬於智人種，智人是與以前的人種，像是盧多爾夫人（*Homo rudolfensis*），巧人（*Homo habilis*），前人（*Homo antecessor*），直立人（*Homo erectus*）等等是不同的人種。智人種的學名是 *Homo sapiens*，或是簡寫為 *H. sapiens*。

我們為什麼要討論這些呢？ 這是因為用於調配頂級香水的精油有許多是萃取自不同的植物。而從不同種植物所萃取出的精油在香味上是有很大的差別，有時它們的價格也會差到很多倍，為了要確認植物精油的來源，最重要的是辨明植物的學名，這樣在後續的調配時才不會發生張冠李戴的情況。

在調配香水時，我們常會添加些香花的精油，像是茉莉花、玫瑰花之類的精油。現今一般認為保加利亞所產的玫瑰花精油的香味品質是最精緻的，而這種精油是萃取自一種學名為

Rosa damascena 的大馬士革玫瑰，這種玫瑰在生物分類學上的排序是如下表所顯示的

界：植物界 Plantae

門：被子植物門 Magnoliophyta

綱：雙子葉植物綱 Magnoliopsida

目：薔薇目 Rosales

科：薔薇科 Rosaceae

屬：薔薇屬 *Rosa*

種：*Rosa damascena*

另外在法國還有一種玫瑰花叫做百花瓣玫瑰花，顧名思義這種玫瑰是有許多的花瓣，誇張的說是有一百多個花瓣，這種玫瑰花的學名是 *Rosa centifolia*。這種玫瑰花也散發出清新的玫瑰花香味，有的資料說它還帶有淡淡的蜂蜜甜味和青草的土味。在法國也是有人從這種玫瑰花裏萃取出精油來，同樣的，這種玫瑰花精油也可以用於調配香水，只是一般的評價認為它的香味品質不如大馬士革玫瑰來的精緻。

第八章　動物性的香料與酊劑

有二種香料自古以來就是非常的名貴，一種是龍涎香，一種是麝香，而現在，龍涎香這種香料幾乎可以說是「只聞天上有，不知何時到人間」，除了行家以外，幾乎是沒有多少人看過，或是聞過這種香料的香味，對我們這些業餘的香水愛好者來說，那更是相見不相識，就是擺在我們面前，我們也可能不能確定那個東西到底是不是龍涎香，所以真要討論這種香料，說真的，那就有可能是瞎掰的了，因為也不知道所參考的資料是真的，或是假的。但是在這裏所引用的文獻都是出自於香水界的泰斗，或是大師，如果連他們的資料都不正確，那說真的，那就真的不知道什麼是正確的了，何況在香水這個領域，自古以來，那些非常昂貴的香料就充斥著無數的贗品假貨。

麝香

說到麝香，那見過的人就比較多了，它在中藥裏是一種很昂貴的藥材，許多名貴的中藥裏都有它，據說現今麝香的市價起碼是一公斤六萬美元以上，這個價格幾乎是黃金的好幾倍，因此身懷麝香的麝香鹿就慘遭被屠殺的命運了。據估計在 1950 年左右，全中國大陸大約還有幾百萬頭的麝香鹿，而現今可能還不到幾萬頭了，因此麝香鹿在中國已被列為二級受保護的動物。雖然也有養殖場飼養麝香鹿，但是俗話說「賠錢的生意沒人做，殺頭的生意搶著做」，既然麝香是那麼的昂貴，因此盜獵麝香鹿的事件還是層出不窮，據說在黑市裏還是買得到，有的調香師在對「名人客戶」量身訂做的頂級香水裏還是會添加些麝香，但是許多歐美國家已設定了法律，認為買賣麝香是違法的行為。

麝香的英文名字是 musk，在許多英文的文獻裏會看到 Tonquin musk 這樣的商標，這個 Tonquin musk 是個什麼東西呢？大約在十六世紀的時候，西方人，尤其是西班牙人，葡萄牙人及法國人來到了越南，當時越南的「都城」是在越南北部的東京，因為它是越南在東邊所建立的都城，所以叫做東京，因此這個東京不是日本的東京，西方人把這個「東京」唸成 Tonquin，而當時有些麝香是從這裏銷售到西方國家去的，所以在西方國家裏買到的麝香都會打上 Tonquin musk 這個字樣，表示這是來自東方的麝香，但是當時運到西方國家的麝香主要還是從中國出口的，所以它也含有「來自中國的麝香」的意思。

麝香取自於麝香鹿，麝香鹿也叫做麝鹿，或是麝。中國古時候稱居住在沼澤地區的為「獐」，居住在山區的為「麝」，所以麝鹿也叫做香獐。麝鹿有好幾種，譬如說分布於蘇俄、中國東北、蒙古、韓國的是「原麝」，它又叫做「北麝」，或是「西伯利亞麝」，它的學名為 *Moschus moschiferus*。另外分布於青藏高原、甘肅、四川的是學名為 *Moschus sifanicus* 的「馬麝」。分布於山西、湖南、廣東、廣西、越南等地學名為 *Moschus berezovskii* 的是「林麝」。分布於西藏南部、錫金、尼泊爾接壤地區到阿富汗的是「喜瑪拉雅麝」，它的學名為 *Moschus chrysogaster*。分布於尼泊爾、印度、不丹的是「黑麝」，它的學名為 *Moschus fuscus*。

根據許多中國研究麝鹿專家們的描述，麝鹿的體形矮小，高約 50 到 90 公分，大概像隻羊，或是像條狗那樣大。麝鹿的膽子很小，不論是公麝或是母麝都沒有像鹿一樣的鹿角，它們的耳朵到像是兔子的耳朵。雄性麝鹿腹部下方，從肚臍到尿道口之間有一個香囊，囊體約有胡桃大小，是橢圓形的袋狀物，周圍覆蓋被毛。香囊前有香腺，主要是由腺泡細胞所構成，當高柱狀腺泡細胞的游離部份脫離了腺泡細胞進入腺泡腔，成為麝香的初香液，初香液經導管進入香囊腔後與皮脂腺所分泌的皮脂共同形成麝香，在香囊腔內熟化形成粉粒狀的螞蟻香和顆粒狀的檔門子香，成熟的麝香成咖啡色，乾燥後成深褐色。現今中國已開發出活體取麝香的方法，不再靠屠殺麝鹿來收取麝香。但是在以前，或是現今的盜獵者則是在獵殺麝鹿後，割下囊體，陰乾，這樣的麝香叫毛殼麝香，如果剖開香囊，除去囊殼後為麝香仁，將它磨成粉，然後浸泡在酒精裏一段時間，麝香就會溶解到酒精裏，過濾後的濾液用於調配香水，這種酒精溶液被稱之為 tincture，或是叫做 essence，中文翻譯為酊劑。根據資料上的記載，麝香酊劑的調配方法是稱取 3 公克的麝香放在研缽裏與水一同研磨，然後倒進瓶子裏，加入 100 ml 酒精強度為 90 的酒精（90 proof），浸泡一段時間以後，過濾就得到濃度為百分之三的麝香酊劑。

麝香具有興奮中樞神經，刺激心血管，促進雄性激素分泌的作用，當添加於香水裏會讓人感覺愉悅與興奮。麝香不僅對雌麝鹿具有性生理的作用，就是對人類的女性的性反應也很敏感。麝香裏主要的香味來源是麝香酮，它的英文名字是muscone，在麝香裏大約含有百分之零點五到百分之二的麝香酮。麝香酮是一種分子很大的化合物，它的化學結構與男性激素－雄酮很類似。據推斷，麝香酮作用於動物的垂體，產生不同的性荷爾蒙分泌激素，但是曾有日本學者在尼泊爾做過一些實驗，以含有麝香酮的各種誘餌引誘麝鹿，但都沒有如願，因此真正的麝香中必定還有其它的活性物質，這些東西是動物香料令人動情及讓動物香料生動的源由，這也說明了這些不解之迷比人類想像的要複雜得多。

除了麝香本身具有令人著迷的香味外，它還能增進其它香料香味的表現，據說，在一瓶已用完的香水瓶裏添加一滴的麝香，那隻瓶子又會飄散出原來的香水味。

因為麝香的價格很高昂，所以長久以來，不斷的有人在尋找麝香的替代品。在以前，有一些含有硝基的苯環化合物的味道與麝香的味道很類似，再加上這些化合物比較容易合成，價格也較低廉，所以大量的被使用於合成香水裏，但是因為這些硝基苯環化合物對人體及環境的為害性很大，因此已全部遭到禁用。目前以模仿麝香酮的結構所開發出來的化合物為一條比較可行的方法，這些合成的類麝香酮化合物同樣也具有麝香所具有的那種優雅持久的麝香味，同時它們也可以做為定香劑之用。

靈貓香、海狸香、麝鼠香

另外從某些動植物的組織裏也能提取出香味類似於麝香的東西，在商業上比較重要的動物香料有從非洲及印度靈貓（civet cat）的香腺囊裏所提取出的靈貓香，從海狸（beaver）的香腺囊裏提取出的海狸香（castoreum），從麝香鼠（muskrat）的香腺囊裏提取出的麝鼠香。

靈貓香也叫做麝貓香，它的英文名字是 civet，它是一種像牛油一樣的黃褐色油脂類物質，它是用小杓從靈貓身上的香腺囊裏所取出來的東西，通常會裝在由羊角，或是牛角所作成的角形容器裏，這種容器叫做 horn。

靈貓香這種東西是很臭的，但是如果把它溶解在酒精裏並稀釋到很低的濃度時，它卻帶著甜甜的花香味，當與麝香搭配著添加於香水裏時會增進其它香精的風味，因此它也是調配頂級香水所不可缺少的成份。

靈貓又叫做麝香貓，它的樣子很像貓，但它不是貓，貓是屬於「貓科」（Felidae）的，而靈貓是屬於「靈貓科」（Viverridae）的動物。靈貓有像貓一樣的身體與尾巴，只是它的尾巴比較大。另外靈貓的腳比較短，它的嘴巴比較像狗，是尖的，它們大部份是夜間活動的肉食性動物，也就是說它們白天睡覺，晚上活動，在英文裏稱這些夜間活動的動物為 nocturnal，所以靈貓是典型的夜貓子。靈貓與麝鹿一樣喜歡單獨行動。幾乎在所有的靈貓科動物的肛門附近都有二個像睪丸一樣的小囊，這二個小囊能儲存從麝香貓腹部的腺體分泌出來像油脂一樣的麝貓香，原本這些油脂般的東西是靈貓用來擦拭在樹幹上，或是擦拭在石頭上，做為標示地盤用的。

對香水這個領域裏的調香師來說，有三種靈貓是比較重要的，第一種是非洲靈貓（African civet cat），它的學名是 *Viverra civetta*，或是寫成 *Vivettictis civetta*。非洲靈貓主要分布於靠近赤道的非洲國家，像是幾內亞（Guinea）、塞內加爾（Senegal）、衣索匹亞（Ethiopia）這些地區，在以前，衣索匹亞是叫做阿比西尼亞（Abyssinia），當時阿比西尼亞所產的麝貓香的品質是最好的，而且產量也大，幾乎占世界產量的百分之八十，但是現今已沒落了，幾乎被印度所產的麝貓香所取代。

第二種靈貓叫做印度大靈貓（Large Indian civet），或是叫做大靈貓，它的學名是 *Viverra zibetha*，主要是分布於印度、尼泊爾、中國長江流域以南的地區。第三種是叫做印度小靈貓（Small Indian civet），或是叫做小靈貓，它的學名是 *Viverricula indica*，主要分佈於印度、越南、中國長江流域以南及台灣、西藏等地區。

麝貓香裏的主要成份是一種叫做麝貓香酮的東西，它的英文名字是 civetone，它與麝香酮一樣都是一種環狀的大分子，它的圓環是由十七個碳原子所構成，在第九個與第十個碳原子之間是以雙鍵連接的。麝貓香酮已有人工合成的產品，它是一種白色的晶體，很容易溶解在酒精裏，它的香味與天然的麝貓香很類似，而且它的香味比天然的麝貓香更純淨，因此它幾乎已完全取代了天然的麝貓香了。

另外還有一種類於麝香的代替品是海狸香，它的英文名字是 castoreum，它是從海狸這種動物的香腺囊裏所提取出來的一種深褐色像牛油一樣的油脂。海狸也被叫做為河狸，說到河狸那可是一種很有趣的動物，河狸的英文名字是 beaver，希臘文是 kastor，它們是屬於囓齒目（Rodentia），河狸科（Castoridae），河狸屬（*Castor*）的動物。海狸有二種，一種的學名是 *Castor fiber*，這種海狸生活在歐洲及某些亞洲地區，另外一種的學名是 *Castor canadensis*，這種海狸生活在北美洲，像是加拿大，阿拉斯加等地區。

海狸的外形很像老鼠，但它比老鼠大的多，尤其是尾巴，很大，很闊，可以用於拍打水面。它們的身體有 75 公分到 120 公分長，站起來有 30 公分高，腿很短，後肢有蹼（webbed），它們會像松鼠一樣的吃東西。在海狸肛門的附近有二個像梨子形狀的香腺囊（glands），它們會分泌像油脂一樣的海狸香。海狸除了將它塗抹在身上作為防水之用外，也用來標示地盤範圍之用。海狸香本身的味道是很臭的，但是當溶解於酒精裏並稀釋到很低的濃度時，它反而變的很好聞，它主要是用於添加於男人用的香水裏當作定香劑。

海狸和老鼠、松鼠一樣都是屬於囓齒目的動物，它們都有二個大門牙，它們的大門牙都會不斷的生長，所以海狸也是吃些堅果類的食物，而海狸的二個大門牙像鋸齒一樣，能咬斷樹木，最有意思的是海狸會收集樹枝，甚至於將咬斷的樹木搬運到河流的中央築成水霸，有些水霸大的可以截斷水流，有個報導說海狸築的水霸可以長到 300 公尺，有的海狸就在水霸裏做窩，外國人叫海狸做的窩為 beaver lodge。

海狸香的化學成份很複雜，並沒有一種單一的化合物能代表海狸香的香味，所以人工調配的海狸香是將許多的香味單體混合在一起模仿出海狸香的香味，而在這些人工調配出來的海狸香裏可能包含了有水楊酸、苯甲醇、苯甲酸、苯乙酮這些香味單體。

在北美洲北部的地區，包括了阿拉斯加，加拿大及美國的北部有一種動物長的跟海狸很類似，初看還真的分不出誰是誰，但是看了它的尾巴以後才知道它們還是不一樣的，這種動物叫做麝香鼠（muskrat），海狸的尾巴比較大，比較闊，而麝香鼠的尾巴比較像是老鼠的尾巴，長長的近似於圓形，而麝香鼠的尾巴上是長了許多的鱗片。

麝香鼠與海狸一樣都是屬於嚙齒目，但麝香鼠是歸屬於鼠科（Muridae）裏的田倉鼠亞科（Arvicolinae），它的學名是 *Ondatra zibethicus*。*Ondatra* 這個字是從北美洲印地安人的語言直接翻譯成英文的，它指的就是麝香鼠，而 *zibethicus* 這個字是拉丁文，它的意思是「麝香的味道」（musky odor）。在麝香鼠肛門的附近也有二個香腺囊，這二個香腺囊也會產生類似於麝香的分泌物，同樣的它原來也是用於標示地盤用的。

雖然麝香鼠的體型比海狸小，但它卻是田倉鼠亞科裏體型最大的一種。體長約有 30 公分到 35 公分長，尾巴可以長到 20 公分到 25 公分，體重約有一公斤。它的前肢比較短，沒有蹼，但是爪很銳利，很適合於挖掘，作窩，覓食及打鬥。後肢較長，趾間有蹼，可以幫助游泳，所以也叫做水老鼠。它們喜歡棲息在水草豐盛的水邊，像是池塘、河流、湖泊等地，通常以乾草做窩於距水面較高的堤岸，基本上麝香鼠也是在夜間活動的，聽覺靈敏，水中活動敏捷，它們的壽命比較短，大約是二到三年，而海狸可以活到十幾年，甚至二十年。麝香鼠的皮與海狸的皮一樣，皮板結實，絨毛豐厚，針毛光滑，是不錯的皮毛，所以也被撲殺的很厲害。大約在二十世紀初被引進到歐洲，五十年代被引進到中國各地飼養。

龍涎香

根據資料的記載，早在西元十世紀的時後，龍涎香在阿拉伯世界裏就是一種很名貴的香料，它的價格媲美於黃金，除了是身份地位的象徵外，它還被認為是一種催情劑（aphrodisiac），但是對中國人來說，那可就不是那麼熟悉的了，據歷史學家們的考證，很可能是在鄭和下西洋的時後才帶回中國的。

早期龍涎香都是在海邊被發現的，因此龍涎香是從哪裏來的就有各種的說法，自從捕鯨業發達以後，在抹香鯨（sperm whale）屍體的肚子裏發現了龍涎香後才知道原來龍涎香是來自於抹香鯨。

因為在龍涎香裏發現有許多烏賊的嘴喙，因此現今一般都認為是抹香鯨吃了烏賊以後，不能被消化的烏賊嘴喙刺激了抹香鯨的腸子分泌了一些類似於油脂的東西把那些不能被消化的烏賊嘴喙給包裹起來。當這種東西大到一定的程度以後，不是被排泄出來，就是被吐出來，當然這只是一種說法，因為到現在還沒有任何的證據能直接證明這種說法，其中一個難題是抹香鯨常會潛到海面下一千公尺的地方去捕捉牠所嗜好的烏賊，您說，誰有這個本事去研究它。

當龍涎香被吐到海裏後，它就在海面上漂流，經過長久的日曬，它的顏色會轉變，當然它所含的成份也會改變，有一種說法是認為日曬的時間越長，它的品質越好，顏色也越白，所以品質最好的龍涎香是白色的，黃棕色的次之，黑色的品質最差。也許漂流到南半球的紐西蘭的海邊所需的時間最久，所以在紐西蘭海邊所發現的白色龍涎香也最多。可能是因為在海面漂流的關係，一般被發現的龍涎香都長的很像石頭，有點圓角，但實際上它是油脂蠟狀的物質，它比水輕，而且融點很低。有一個故事也許能描繪出它的性質，有一位紐西蘭的毛利人（Maori，紐西蘭的原住民）帶著小孩到海邊遊玩，她自己找了塊石頭就坐在上面，過了沒多久，她覺得好像石頭要塌了，她趕緊跳起來，沒想到裙子上沾了一堆像牛油一樣的髒東西，還帶著不是很好聞的魚腥臭味，她想這一下麻煩了，好好的一條裙子就這樣給毀了，當她問別人那是什麼東西時，她才知道她發了筆小財，她碰上了一塊相當大的龍涎香，市價一公斤是美金二千元到二萬元。到目前為止，所發現的龍涎香最大的有 160 公斤，但是絕大多數都是小小的，這可能是因為在漂流的過程中，經過不斷的衝擊，大部份的龍涎香都碎裂成小塊的龍涎香了。

龍涎香的英文名字是 ambergris，這個字是從法文的 ambre gris 來的，它的意思是灰色的琥珀（grey amber），美國人把 grey 寫成 gray。它與一般的琥珀是不同的，琥珀的英文名字是

amber，它是松柏樹木的樹脂在地底下經過長時間的高壓高熱作用後所形成的化石（fossil）。大多數琥珀的顏色是黃棕色的，所以也叫做 brown amber，在北歐波羅的海附近地區的琥珀大部份是在海邊被發現的，這是因為深埋在海底下的琥珀被海浪給衝到海岸上，因此在北歐地區專門有人到海邊去找琥珀，但是在其它地區，大部份的琥珀是在採礦時給挖掘出來的。

基本上琥珀是帶點松香樹脂的香味，但這並不代表琥珀是一種香料，因此在香水這個領域裏所常見到的 amber，amber scent，amber note 這些名稱常會造成困擾，以為它所代表的就是化石琥珀，甚至有人把它翻譯為琥珀香，其實 amber 這個名稱指的是 ambergris，而市面上標示為 amber oil 的東西實際上是把一些植物精油（plant essential oil）混合起來，經過攪拌後調配成香味類似於龍涎香的精油。

在植物精油裏與龍涎香香味最類似的應該是勞丹脂（labdanum）了，因此市面上所謂的「琥珀油」（amber oil）通常是以勞丹脂為基礎，再加上些香草精（vanilla，也叫做香草素），安息香脂（benzoin）及一些其它的植物膠，或是植物精油所調配出來的。當然也有人添加的是人工合成的香味單體，像是甲基紫羅蘭酮。如果「琥珀油」是用來調配高級的香水，那更有人會在「琥珀油」裏添加些麝貓香或是海狸香。如果所用的原料是固體的，那麼可以先加熱讓它們融解，變成液體後再攪拌均勻，冷卻後又成了固體，或是黏稠狀的膠體，這種東西叫做 ambres。其實 ambres 還有另外一個意思就是任何含有龍涎香的混合物都叫做 ambres。

說到龍涎香的成份，那就相當複雜了，可能有多到上百種以上的化合物，有些到目前還不是很清楚，不過比較重要的是一種叫做「龍涎香醇」的東西，龍涎香醇的英文名字是 ambrein，也有的把 ambrein 翻譯為龍涎香素，或是龍涎香精。龍涎香醇是一種白色的結晶，大多數的字典，或是百科全書都描述龍涎香醇是具有龍涎香的特殊香味，但是在與香水有關的專業書籍裏說它是沒有味道的，有龍涎香味道的是龍涎香醇經過日曬後所得到的產物，這些產物裏主要的成份是龍涎香醚，它的英文商品名稱是 ambrox，或是 ambroxan。

其實龍涎香的香味是很複雜的，有的資料描述說龍涎香的味道是帶著點土味（earthy），或是帶著點麝香味，但也有人說它的味道是混合了海藻與玫瑰的香味。不過龍涎香酊劑的調配方式到是很簡單，把 3 公克的龍涎香浸泡在濃度為百分之九十五的酒精裏，大約半年後，過濾掉不溶解的東西，然後加酒精調整溶液的體積到 100 ml，這樣就得到了濃度為百分之三的龍涎香酊劑了。

一般香水裏添加的龍涎香酊劑大概是百分之二到百分之四左右，香水裏添加龍涎香酊劑後最大的優點是能讓其它的香精都以一定的速度揮發，不會有的揮發快，有的揮發慢。另外據說在一條手帕上滴上一滴龍涎香酊劑，經過四十年之後，這條手帕上還是可以聞得出龍涎香的香味。其實同樣的故事也存在於麝香的傳說裏，據說很早以前的回教徒在蓋清真寺的時後會把麝香混在灰泥裏，即使經過千年的歲月，每當日曬後，這些清真寺的灰泥裏仍不時的飄逸出麝香的香味。

第九章 植物性的基礎香精油

自古以來，用於調配香水基礎香的動物性香料就是非常名貴的，譬如說龍涎香及麝香。另外還有些植物性的香料，像是乳香及沒藥更是早在紀元前一、二千年前就被埃及人所大量的使用著。基督教的聖經裏記載著東方來的三個智者帶著黃金、乳香及沒藥做為敬拜耶穌誕生的禮物。

通常討論基礎香的香料和精油時，不同的作者會以不同的方式切入，而在這本書裏，我們準備以香味的「調性」為主軸，然後再依精油萃取的部份來細分，這樣的討論方式也許會較完善些。當然香味「調性」的分類是一件見仁見智的事，也許我們所採用的方式並不能盡如人意，因此也只能視為一個業餘香水愛好者的淺見而已。

被歸類為基礎香的香料、或是精油具有那些特性呢？第一、它們的主要香味成份都是比較大的分子，譬如說麝香裏所含的麝香酮及環十五酮都是大的分子，因為它們的分子比較大，所以它們的體態也比較臃腫，跑起步來也就不太俐落了，因此它們的揮發性也就比較低。當我們打開一瓶香水時，這些分子應該是最後才從瓶子裏逸散出來的，這也就是基礎香這個名稱的由來，基礎香的英文名字是 base notes。另外因為基礎香的分子比較大，體態比較臃腫，因此當溶解在酒精裏時，它們也就成比例的佔據了液體表面的位置，因而妨礙了別的分子的逸散，也就是說它們會延遲其它分子的揮發，這樣一來就能讓香水香味的保留時間久一點。另外它們還有一個特性是能讓其它的香味成份以一定的速度揮發，這樣一來，一瓶香水的香味就能保持一慣性，不會讓前面聞的跟後面聞的不太一樣。

根據植物性基礎香的「香味調性」，一般是將植物性基礎香劃歸為幾個大類，這包括了樹脂香調，木質香調，香油膏香調，麝香香調，土質香調，綠葉香調及芬芳食物香調，而植物裏能被萃取出基礎香精油的部份包括了樹葉，樹幹，樹脂，種子及地下根、莖，現在我們就根據這樣的分類方式大概的討論一下。

樹脂香調

首先我們要討論的是樹脂香調的精油，在英文的書籍裏是寫成 resinous essences。顧名思義這一類的精油是來自於植物所分泌的樹脂，其實這一類精油的香味聞起來也是讓人感覺到像是聞到某些樹木的香味，只是它們的來源是樹木所分泌的樹脂而已，這一類的精油包括了乳香，沒藥，普渡拉克，甜沒藥，癒傷草及白松香。

乳香

乳香的英文名字是 Frankincense， 這個字是源自於法文的 franc encens，它的意思是「真正的香料」，或是「奢華的香料」，這個名稱還真的相當程度的反映了它的昂貴形象。自古以來，它的價格就等同於黃金的價格，在以前只有阿拉伯半島的南邊，也就是現今的葉門及阿曼王國出產這種香料，就是現在，仍然以阿曼王國所產的乳香的品質最好，但是因為各種因素，現今乳香的主要產地反而是非洲的索馬利亞，衣索匹亞和蘇丹等地區，少部份是來自於印度。

在古代，乳香主要是用來塗抹及薰燒用的，尤其是在廟宇裏，乳香是放在香爐裏薰燒的。乳香的味道沈靜甜淡，有助於情緒的沉澱，安撫焦慮不安的心靈，是一種非常適合於冥想與靜坐的香味。在英文裏， incense 原來的意思是薰燒香料時，隨著飄搖的煙霧所散發出的香氣。在中國，乳香也是一種中藥，具有鎮咳，化痰的功效，對呼吸道方面是很好的殺菌劑。

阿拉伯及非洲地區的乳香主要是來自於一種橄欖科（Burseraceae）的乳香樹，乳香樹的學名是 *Boswellia sacra*，也有的植物學家把它命名為 *Boswellia carteri*。有的資料說這種乳香樹是很奇特的，它不是長在土裏，它是長在石礫上。這種乳香樹沒有一個特別的主幹，而是有很多的支幹。如果它的樹皮被弄破了，那麼從破皮的地方會滲出一種像牛奶一樣的白色樹汁，阿拉伯人叫這種白色的樹汁為 al-lubán，因此根據阿拉伯語，乳香還有另外一個名字叫做 olibanum，這也可能就是中文名稱的由來。這種白色的樹汁碰到空氣後就慢慢的凝固，乾燥後成為像眼淚一樣形狀的半透明黃色樹脂，這就是乳香。一般阿拉伯人收取乳香是在這種乳香樹的樹幹上切出很深的刻痕，流出的白色樹汁乾了以後就成為乳香，但是這樣採收的乳香的形狀就多了，從水滴狀到成塊的都有。

如果利用水蒸汽把乳香樹脂裏的精油給蒸餾出來，那麼在英文裏稱這種精油為 essential oil。其實在英文裏，所謂的 essential oil 是有一定的定義的，不是所有的精油都可以叫做 essential oil，它必須是用水蒸汽從單一種植物裏所蒸餾出來的植物精油才能叫做 essential oil。

說到水蒸汽蒸餾，除了學化學的以外，大多數業餘的香水愛好者對這種精油萃取方式可能並不是很清楚，因此我們需要花一點時間討論一下。其實水蒸汽蒸餾也不是一個很複雜的東西，據考證，可能早在西元十一世紀的時候，阿拉伯人就已經知道這個方法了。這個方法的基本原理與我們蒸饅頭、或是蒸包子的原理差不多。首先是把水煮開，讓水蒸汽通過一個有許多孔洞的盤子，盤子上面擺放著要被萃取出精油的原料，像是乳香、花朵或是樹葉等等。當水蒸汽碰到了這些原料時，因為水蒸汽很熱，也就是說它有很大的能量，水蒸汽的分子撞擊精油的分子，精油的分子也就跟著水蒸汽分子一起揮發出來。當水蒸汽分子與揮發出來的精油分子遇到冷空氣後就凝結成水和精油，因為精油與水不會互相溶解，所以當它們冷凝成液體後就會互相分離，水是水，油是油，而油比水輕，所以精油是漂浮在水的上面，這樣一來只要把精油舀起來就可以了，圖 9-1 所描繪的就是水蒸汽蒸餾過程的示意圖。

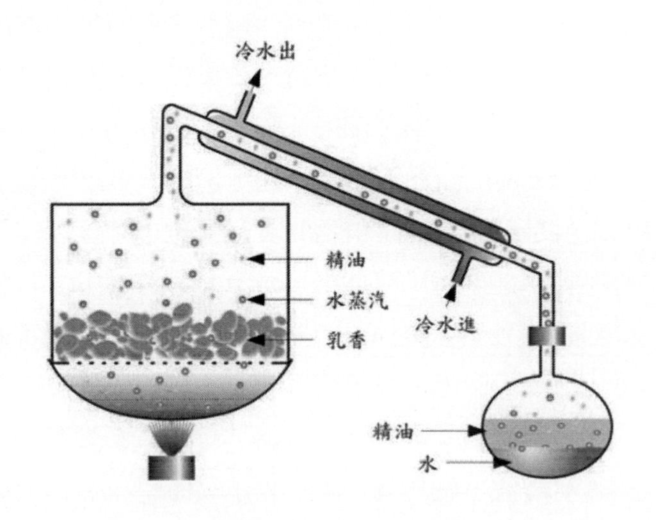

圖 9-1　水蒸汽蒸餾

當然還有其它的方法可以把植物裏的精油給萃取出來。我們就舉一個日常生活裏的例子來說明這些萃取方式的基本原理。我們應該都有喝茶及泡茶的經驗，當茶葉浸泡在熱水裏時，茶葉裏的一些成份就會溶解到水裏，如果把茶葉濾掉，剩下的茶水經過加熱蒸乾以後會剩下一些沉澱物，這些沉澱物原來是在茶葉裏面的，然而利用這種熱水浸泡的方式，我們就能把它們從茶葉裏分離出來，這些沉澱物裏有一樣東西，那就是咖啡因。

根據同樣的原理，如果我們把乳香，或是花朵，或是植物的其它部位浸泡在一種很容易揮發的有機溶劑裏，譬如說是浸泡在己烷裏，那麼乳香，或是花朵，或是植物其它部位裏的香氣成份和一些樹脂，或是一些像蠟一樣的東西就會溶解在有機溶劑裏，如果把過濾以後所得到的濾液裏的有機溶劑給揮發掉，那麼會留下一種半固體的物質，如果浸泡在有機溶劑裏的原料是像乳香一樣的樹脂，那麼這種半固體的物質在香水這個領域是叫做 resinoids，它的意思是「樹脂體」。如果浸泡在有機溶劑裏的原料是花朵，或是植物的其它部位，那麼所得到的半固體物質在香水這個領域是叫做 concrete，有的中文資料把這種東西給翻譯為「凝香體」。如果把樹脂體、或是凝香體浸泡在酒精裏，那麼樹脂體、或是凝香體裏的芬芳成份及一些可以溶解在酒精裏的樹脂就會溶到酒精裏，有的香水調配師會直接利用這種酒精溶液，做為調配高級香水的原料，但是大部份的精油原料生產公司會把這種酒精溶液再經過一道過濾的手續，然後在減壓的環境下把濾液裏的酒精給蒸發掉，剩下的東西在英文裏是叫做 absolute，中文翻譯為「原精」，或是「純精」。

除了可以用有機溶劑去萃取花朵、或是植物其它部位裏的香氣成份外，還有一種更為精緻的萃取方式那就是利用液態的二氧化碳。原本二氧化碳是氣體，但是在低溫及高壓的情況下它會變成液體。如果用液態的二氧化碳去萃取花朵裏的香氣成份，那麼因為這種萃取方式是在較低的溫度下進行的，再加上二氧化碳揮發時不需要加熱，只需要把壓力減低就可以了，因此有些不能用水蒸汽蒸餾、或是不能用溶劑萃取的精緻香味成份就能利用液態的二氧化碳來萃取了。譬如說鈴蘭的原精就必須採用二氧化碳萃取的方式。

乳香的香味不論是精油、或是原精都被描述為是帶點檸檬、或是帶點綠葉香味的香膏味道（balsamic odor）。這種香味是很柔和的，所以它適合於調配花香系列的香水。但是它主要還是作為調配帶點外國異鄉浪漫情調的、或是調配香味比較強烈而且帶點刺激辛辣香調（spicy）的、或是調配具有奇特吸引力的香水的基礎香，譬如說在一款具有阿拉伯風格的「愛慕」（Amouage）香水裏，或是在霍比格恩特公司於 1982 年所推出的一款東方花香調的「納菲妮」（Raffinée）香水裏，乳香都是它們基礎香的一部份。

沒藥

沒藥和乳香一樣都是一種自古以來就很名貴的香料，當耶穌從十字架上解下來以後，祂的信徒就是用沒藥的油膏去塗抹祂的身體。沒藥有抗菌的功效，它能消除傷口的炎症，止咳，減輕咽喉的疼痛及口腔的發炎，即使到現在，在粉狀的牙膏裏，沒藥仍然是一個重要的成份。

沒藥的英文名字是 myrrh，這個字是從阿拉伯語對沒藥的稱呼 mur 轉變來的，就是中文的「沒藥」也是從這個字的發音來的。一般所謂的沒藥（common myrrh）指的是橄欖科（Burseraceae）、沒藥屬（*Commiphora*）裏一種學名為 *Commiphora myrrha* 的植物。這種植物是一種會開花，但是帶著刺的灌木植物，它所流出的樹汁乾了以後所得到的樹脂就叫做「沒藥」。沒藥這種植物主要是生長在某些阿拉伯及非洲地區的國家，現今一般認為索馬利亞所出產的沒藥的品質最好，另外衣索匹亞這個國家也有這種東西。

沒藥屬的學名 *Commiphora* 是美國人的叫法，這個字的字首 Commi 是源自於希臘文的 kommi，它的原意是「膠質的東西」（gum），而 phora 的原意是「攜帶者」（carrier）。英國人則是把沒藥屬寫成 *Balsamodendron*，所以沒藥的另外一個學名是 *Balsamodendron myrrha*。但是也有的資料把沒藥的學名寫成 *Commiphora myrrha var. molmol*，或是寫成 *Commiphora molmol*。也許會問，為什麼要說那麼多的學名，這主要是因為有許多沒藥屬裏的植物也會分泌樹汁，而且乾了以後也叫做沒藥，如果不仔細分辨，也許會買到了其它的東西，不過還好，其它種類的沒藥通常都會冠上其它的名字。

沒藥這種植物的葉子是三片長在一起的，植物學家稱這種樹葉的生長形式是 trifoliate。但沒藥的樹葉不多，小小的，呈橢圓形。沒藥這種植物主要是生長在乾燥貧瘠的石礫地區，沒藥的樹皮相當厚，樹皮裏面有導管，導管與導管之間的樹皮很容易破裂，從破裂處會流出一種淺黃色的樹汁，乾了以後會形成淚滴狀半透明的紅棕色樹脂。這種樹脂裏還含有些膠狀的樹膠，所以沒藥的樹脂被描述為是一種膠狀的樹脂（gummy resin）。沒藥精油的味道被描述為是帶點麝香的香膏味（musky balsamic aroma）。在索馬利亞的市場上，當地人叫這種沒藥為 karam，或是叫它為「土耳其沒藥」（Turkey myrrh）。

在索馬利亞的市場上還有一種假沒藥（false myrrh），它是不透明的，當地人叫它為 meena harma，這種假沒藥的英文名字是 bdellium，中文稱它為非洲樹膠，這種樹膠也具有芳香性，等一下我們還會有較詳細的討論。另外在當地市場上還有一種沒藥叫做 meetiga，它的英文名字是 Arabian myrrh（阿拉伯沒藥），資料上說它與「土耳其沒藥」是屬於同一個品種，但是比較脆。

沒藥和乳香一樣，大部份的調香師會將它添加於東方花香調的香水裏，譬如說伊夫聖羅蘭公司（Yves Saint Laurent，YSL）於 1977 年推出的一款名為「鴉片」（Opium）的香水，在這款香水裏就添加有沒藥，「鴉片」這款香水的香味非常濃郁，據說這款香水強調的是神祕的東方色彩，它讓人聯想起十九世紀時的中國。

普渡拉克

普渡拉克這個名稱是從希伯來文的 bedolach 這個字的發音 bed-o-lakh 來的。在基督教的聖經裏是有幾個地方提到它，它的英文名字是 bdellium。但是這個英文名稱是相當令人困惑的，因為幾種不同的植物所分泌出來的樹汁乾了以後的樹脂都叫做 bdellium。有些樹脂的精油可以用於調配香水，但是有些樹脂的味道並不是那麼好聞。雖然基本上它們都是屬於橄欖科的植物，但是它們到底是屬於哪一個品種，或是定義它們所歸屬的「種名」則是相當混亂的。

名為普渡拉克（bdellium）的這些植物的主要生產地是在印度和非洲地區，這些樹脂的外觀很像沒藥，所以它們也被稱之為「假沒藥」。當然普渡拉克（bdellium）這種樹脂自有它的特色，只是人為的認定造成翻譯上的困擾。因為普渡拉克（bdellium）樹脂可能是來自於不同品種的植物，因此

bdellium 這個名稱到底指的是什麼也就眾說紛紜了。即使聖經裏的 bdellium 指的是什麼也不是很清楚，有的中文版聖經甚至把 bdellium 翻譯為珍珠，這樣的說法也不能說錯，因為有的普渡拉克樹汁凝結成樹脂後的形狀是像珍珠一樣。另外在某些資料裏把這種樹脂叫成「非洲樹膠」或是「非洲香膠」。

在不同的英文資料裏，對於以 bdellium 為名的樹脂有不同的歸類，譬如說根據產地，普渡拉克分成非洲普渡拉克（African bdellium）和印度普渡拉克（Indian bdellium），但是如果根據植物的品種來分類似乎也是滿適當的，在這裏我們只討論與香水這個領域有關的普渡拉克。

有一種生長在印度中部地區的普渡拉克，這種植物的學名有不同的叫法，像是 *Balsamodendron mukul*，或是 *Cammiphora wightii*，*Balsamodendron roxburghii* 等等。從這種植物所採集到的樹脂就是印度普渡拉克。這種樹脂的顏色是很深的紅棕色，它帶有點類似於雪松（cedar）的香味，另外它的香味也被描述為是帶點甜甜的、香草的、泥土的香膏味道，它除了可以用於調配香水之外，在印度，它也是一種藥材，印度話稱它為 guggul。

另外一種普渡拉克是 *Cammiphora africana* 這種植物所分泌出來的樹脂，這種樹脂的顏色從黃色到黑色的都有，不過它們是透明的，有點香味，阿拉伯人叫這種東西為 gafal，聖經裏提到的 bdellium 可能就是這種東西，因為這種植物的樹汁從樹皮裏流出來乾燥以後，有的形狀是像珍珠一樣。

甜沒藥

甜沒藥的英文名字是 opoponax，但它總是與另外一個英文字 opopanax 混在一起，而且似乎也沒有任何資料曾經很明確的指出誰是誰，因此我們僅能從所能找到的資料裏很小心的加以辨識，但是因為 opoponax 總是與 opopanax 給搞混，所以不同的資料所描述的會互相顛倒，因此只有從植物的學名去分辨才能辨識出到底指的是什麼。根據英國著名香水大師威廉・普謝爾（William Poucher）編寫的《Perfumes，Cosmetics & Soaps：Volume I，The Raw Materials of Perfumery》這本書裏的資料描述，opoponax 是由一種橄欖科、沒藥屬，學名為 *Commiphora erythroea var. glabrescens* 植物所分泌的樹汁乾了以後所形成的一種類似於橡膠的樹脂（gum resin）。這種植物主要是生長在非洲的索馬利亞，這種樹脂的外觀與沒藥很類似，它也被稱之為甜沒藥（sweet myrrh）。在所能查到的資料裏，還有許多其它的英文名稱是描述這一種東西，這些英文名稱包括了 opoponax resin，opopanax gum（要注意這個名字的拼法），bisabol，bissabol，perfumed bdellium。而在索馬利亞當地是被叫做 habbak hadi。

甜沒藥是一種黃棕色、成塊狀的橡膠狀樹脂，它的味道被描述為像乳香，但它還帶點類似於芹菜（celery）與歐白芷（angelica）的香味，另外也有的資料說它還帶點薰衣草（lavender），或是帶點龍涎香的香味，因此從甜沒藥所蒸餾出來的精油，或是凝香體，或是原精都可用來做為調配花香調香水的定香劑。

癒傷草

在香水這個領域，opopanax 常會與 opoponax 搞混，像在伊夫聖羅蘭公司所推出的「鴉片」（Opium）這款香水裏，就所能查到的資料裏記載著 opopanax 是它的基礎香的一部份，然而卻沒有任何資料能明確的指出這個 opopanax 到底指的是什麼，而這個問題似乎也不可能有答案，因為那是一個配方裏最祕密的地方。但是當我們要調配自己所喜歡的香水時，對於所用的原料就必須有一定程度的瞭解，不然下一次所買到東西可能與現在所用的就不是同一種東西，那麼調配出來的香水就有可能完全不是我們想要的了。

在歐洲南邊的幾個國家，像是在法國、義大利、西班牙、土耳其等地有一種屬於傘形科（Umbelliferae，Apiaceae）的植物，它的學名是 *Opopanax chironium*。這種植物是多年生的，可以長到一公尺高。地上莖成分枝狀，但靠近根的部份卻很粗大。它會開一種小小的黃花，花聚集成傘一樣的形狀，這也是「傘形科」這個名稱的由來。這種植物的外形有點像防風草（parsnip），所以它也被叫做「野防風草」（rough parsnip），因而有的資料將這種植物歸類於歐防風屬（*Pastinaca*），學名為 *Pastinaca opopanax*。

如果在這種植物的莖部底層靠近根的部位切下去會流出像牛奶一樣的黃色樹汁，這種樹汁乾了以後會形成像淚滴一樣形狀的膠狀樹脂。它的顏色是黃棕色的，表面會有些白色的斑點，這種樹脂就叫做 opopanax resin。這種樹脂的味道並不是很好聞，它的味道被描述為是帶著苦味的香膏味，所以有的資料將它翻譯為苦樹脂。這種樹脂在以前是當作藥材來使用，據說可以醫治許多方面的病痛。Opopanax 原來的意思是「能治癒所有傷痛的樹汁」（Opopanax means the all-healing juice），因此這種樹脂的另外一個中文名稱是癒傷草樹脂，當然現今已不再強調它的醫療效果了。利用蒸餾的方法可以從癒傷草樹脂裏萃取出精油，或是萃取出凝香體及原精，它們的主要用途是用於調配香水。

白松香

在香水這個領域裏有所謂的五大經典香水，排名第一的可能就是香奈兒公司（Chanel）所推出的五號香水（Chanel No.5），這款香水的調配者是恩尼斯‧鮑（Ernest Beaux），有的資料記載著恩尼斯‧鮑非常喜歡白松香。白松香是一種灌木植物，它的主要產地是地中海附近的地區及伊朗這個國家。在伊朗這個國家是有二種白松香，伊朗北邊所產的白松香是出自於學名為 *Ferula galbaniflua* 這種植物所分泌的樹脂，伊朗南邊的白松香則是出自於學名為 *Ferula rubricaulis* 這種植物。這二種植物都是屬於傘形科的。通常採取白松香樹脂的方法是把這種植物莖部底層旁邊的泥土挖開，然後在莖部底層靠近根的地方切開一個小口，流出的樹汁乾了以後就成了棕色樹脂，這種樹脂的英文名稱是 Galbanum，中文的稱呼就有許多種了，包括了白松香、格蓬香、楓子香等等。其實白松香的味道並不是那麼好聞，但是也有的資料把它的香味描述為像大雨過後林木所散發出的氣味。利用蒸餾的方法可以從這種樹脂裏萃取出精油，或是萃取出凝香體及原精，一般這些東西是用於做為香水的定香劑，而且是添加於具有異國情調的香水裏。另外古人認為白松香具有神祕的力量，焚燒白松香會使人達到冥思的神祕境界，因此通常都會與乳香混著用。

木質香調

接下來要看看的是木質香調的精油，在英文的書籍裏是寫成 woody essences，這一類的精油是從植物的樹幹，或是樹枝，或是樹葉裏萃取出來的，它們的香味讓人感覺到像是聞到某些樹木的香味，歸屬於這一類的精油包括了萃取自檀香，雪松，冷杉及雲杉的精油。

檀香

對深受佛教文化薰陶的亞洲人來說，檀香的味道是一種非常熟悉的香味，但是相對的，對檀香木可能就不是那麼清楚的了。就是檀香木，不同領域裏的專業人士對不同檀香木的偏好也不同，甚至於對檀香木名稱的定義也不一樣，譬如說中藥領域對檀香的分類就與建材領域對檀香木的分類有所差異，因此我們也只能就香水這個領域裏所使用的檀香做點討論。

檀香木的英文名稱是 sandalwood，一般比較知名的檀香木是東印度檀香木（East Indian Sandalwood），這種檀香木是檀香科（Santalaceae）、檀香屬（*Santalum*）裏一種學名為 *Santalum album* 的植物，檀香木的英文名稱可以溯源自梵文的 Chandana、或是溯源於法語的 Santal。

學名為 *Santalum album* 的這種檀香木是一種常綠的小喬木，可以長到六到九公尺高。它是一種半寄生的植物，雖然這種植物也有它自己的根系，也能行光合作用，但是自幼苗起，它的根就必須寄生在適合的樹種的根上，吸取寄主植物的氮和磷等養分才能正常生長。它的根上長著千千萬萬個像八爪章魚般的吸盤，這些吸盤緊緊的吸附在寄主植物的根上，雖然檀香樹的根系也可以從土壤中吸取少量的養分，但主要的還是靠著從寄主植物那裏掠奪水份，無機鹽類，以及其它的營養物質而存活。根據中國研究培育檀香樹專家的報告，檀香樹賴以生存的寄主植物包括有洋金鳳、鳳凰樹、紅豆及相思樹等豆科的植物。

檀香樹的引種栽培不是一件很容易的事，這是因為檀香樹種子的含油量相當高，容易發霉變質，不耐儲存，半年以上就完全喪失了發芽的能力。直到二十世紀的六十年代，檀香樹的引種栽培才獲得成功，目前中國的廣東、雲南、廣西及福建等地區都有栽培。根據檀香樹與豆科植物相隨相伴的生物特性，在培育檀香樹苗的同時就要種植一些檀香樹的寄主植物，等到檀香樹苗長到一定的高度時，就要將它移植到寄主植物的旁邊，如果寄主植物死亡，檀香樹苗也就死了，除非能及時補充一些寄主植物。

當 *Santalum album* 這種檀香樹還小的時候，樹幹的顏色是白色的，長大後才成為黃褐色。樹皮相當粗糙，有裂痕。小枝細長，分枝很多。葉子是互生的，或是對生的。葉子是卵狀的橢圓形，或是卵狀的批針形。開的是一種小花，最初，花的顏色是淡黃色，然後會轉變成深銹紫色。檀香樹要長到三十年才會逐漸成熟。樹幹的邊材沒有氣味，它的心材是淺黃褐色，有強烈的香氣。一般來說，檀香樹要長到六十年，甚至於八十年才能採集它的精油。除了樹幹的心材以外，它的樹根及樹枝也含有大量的精油。在以前，當整株檀香樹被拔起來以後，整株樹會留在地上讓白蟻啃食它的樹皮，剩下的心材可作為高級雕刻用的材料，如果心材經過切割，鋸成小塊是一種名貴的藥材，利用水蒸汽可以蒸餾出它的精油，那就是檀香油。檀香油是一種很貴重的精油，其產量約為百分之三到百分之五左右。

Santalum album 這種檀香樹多生長在熱帶地區，主要是分布於印度、馬來西亞、印尼及附近的一些島嶼上。根據資料上的記載，一般都認為印度東部麥索爾（Mysore）地區所產的檀香精油的品質是最好的，但是因為幾千年來的過度砍伐，目前已所剩無幾。因此從 1995 年開始，印度政府就將 *Santalum album* 這種檀香樹列為管制性植物，不能出口，也不能砍伐，因而導致檀香精油的價格飆漲。目前市面上能買到的麥索爾檀香精油可能是走私品，也可能是摻雜了其它較便宜的精油，甚至於是膺品假貨。

大概在 1920 年左右，法國的調香師就開始將檀香精油列於香水的配方裏。檀香精油是一種淺黃色的黏稠液體，帶有非常柔和的、甜甜的木質香味，在一般的香水配方裏是把檀香的香味歸類於基礎香。檀香香味比較特殊的地方是聞到它除了會讓人產生鎮靜的功效之外，它還具有催情的作用（aphrodisiac）。一般人，不論是男人或是女士，噴抹香水的目的除了是注重儀容外，還有一個原因是想吸引異性的好感，因此可以這麼說，市面上知名的香水幾乎很少是沒有添加檀香的，尤其是那些標榜具有東方神祕色彩的香水裏，它更是不可或缺的成份。檀香還具有另外一個優點那就是它能與絕大多數的香精、或是精油搭配的很完美，它不只不會掩蓋其它香精或是精油的香味，它還能襯托出其它香精或是精油的香味。

市面上有一種檀香稱之為西印度檀香（West India Sandalwood），雖然它的味道有點像檀香，但是這種精油不是來自於檀香木，它是萃取自雲香科裏一種學名為 *Amyris balsamifera* 的阿米香樹，所以這種精油也叫做阿米香樹精油（Amyris oil）。阿米香樹精油的香味要比麥索爾檀香精油來的差，但是阿米香樹精油似乎還帶著點麝香的香味，它也常被稱之為是窮人的檀香。它的香氣雖不濃郁，但持久，所以阿米香樹精油也可以用作為香水的定香劑。

另外在澳洲還有一種也是屬於檀香科（Santalaceae）的檀香木，它的學名是 *Santalum spicatum*。這種檀香木在澳洲西部地區是很常見的。從這種檀香木萃取出來的精油的色澤、黏稠狀態及香味都與東印度檀香很類似，所以它也被廣泛的添加於香水裏。雖然這種檀香精油裏也含有大量的檀香醇（santalol），但是它缺少了東印度檀香所特有的香膏味道，因此它的價格要比東印度檀香來的便宜。

雪松

當我們查閱香水的配方表時，我們常會看到 Cedar wood 這個成份，有的中文書籍把它翻譯為雪松，有的中文字典把它翻譯為西洋杉，其實在西方世界裏，Cedar wood 只是一個俗名，是有許多不同種類的植物都叫做 Cedar wood，因此我們僅能就香水這個領域所用到的精油加以討論。

第一種雪松精油的英文名稱就叫做 Cedarwood oil，這種精油是萃取自一種學名為 *Juniperus virginiana* 植物的樹幹，這種植物既不屬於松科，也不屬於杉科，它是屬於柏科（Cupressaceae）、刺柏屬（*Juniperus*）的植物。這種植物的原產地是在北美洲的美國，當地人稱這一類的植物為 Juniper，中文把它翻譯為杜松。學名為 *Juniperus virginiana* 的這種植物是有許多的英文俗名，像是 Virginia cedarwood，中文翻譯為維吉尼亞雪松，它也被叫作 Eastern juniper，或是 Eastern redcedar，中文的翻譯為東方紅柏，東方紅雪松。

維吉尼亞雪松的整個植株都有香味，它的心材是紅色的，所以被稱之為紅雪松。利用水蒸汽蒸餾的方式可以從它的樹幹裏蒸餾出一種黏稠的淺黃色精油，它的香味非常的清新，具有濃濃的木質香味，許多花香系列的香水都會用到它。譬如說在香奈爾公司所推出的第 19 號香水裏能找到它的蹤跡。另外卡夏爾（Cacharel）公司在 1979 年曾推出一款名為「安妮女香」（Anaïs-Anaïs）的香水，在這款香水裏也有它的蹤影。又因為它特有的木質香調，所以在許多中性的、或是男性的香水裏它是不可缺少的成份。

另外一種雪松精油的英文名稱是 Atlas cedarwood oil，這種精油是萃取自一種俗名為大西洋雪松（Cedar Atlas）的樹幹，也有資料把這種植物翻譯為白雪松。它是屬於松科（Pinaceae）的植物，它的學名是 *Cedrus atlantica*。這種植物的原產地是非洲北部的摩洛哥，一般是利用水蒸汽蒸餾的方式從它的樹幹裏蒸餾出精油來，這種精油除了具有本身特有的那種很清新的木質香味外，它還被描述為是帶有 Mimosa 的香味。有的中文資料把 Mimosa 香翻譯為「含羞草香」，其實這樣的翻譯是錯誤的，而這樣的誤解應該歸咎於不同植物學家對植物分類上的歧異。在香水這個領域，所謂的 Mimosa 香，指的是 *Acacia dealbata* 這種植物開的黃花所散發出的香味，學名為 *Acacia dealbata* 的這種植物在中文裏是被稱之為銀葉合歡，或是稱之為銀荊樹，或是稱之為銀栲。

銀葉合歡（*Acacia dealbata*）這種植物的英文俗名是 silver wattle。它的花很香，有點像依蘭-依蘭（ylang-ylang）的香味。有許多 *Acacia* 屬的植物所開的花都有香味。譬如說有一種學名為 *Acacia floribunda* 的植物，它的英文俗名是 sally wattle，中文的名稱是多花香思樹，它的花也很香，香味與金合歡花（*Acacia farnesiana*）的香味很類似。

Acacia 這個屬的中文屬名是「相思樹屬」，或是「金合歡屬」。它是豆目裏的植物。植物學家們對豆目（Fabales）植物的分類是很分歧的，有的植物學家把豆目裏的植物區分為三個科，它們是含羞草科（Mimosaceae）、雲實科（Caesalpiniaceae）及豆科（Fabaceae）。金合歡屬（*Acacia*）這一屬的植物是歸屬於含羞草科。

根據這樣的認知，同時為了能與同屬於金合歡屬（*Acacia*）裏的植物所散發的 Acacia 香及 Cassie 香有所區隔，我們試著把 Mimosa 香給翻譯為「銀葉合歡香」，而不是照字面去翻譯它為含羞草香。

冷杉

有許多松科，冷杉屬植物的樹幹會流出芳香的樹脂，這種樹脂的英文名稱是 Oleoresin。另外它們的樹葉也都具有香味，很自然的從這些部位裏是可以萃取出精油、或是萃取出凝香體及原精。其中有二種冷杉屬植物的精油是比較常見的，其中一種植物的學名是 *Abies balsamea*，這種植物的英文俗名是 balsam fir，所以有的中文資料將它翻譯為香膏冷杉、或是翻譯為香脂冷杉。然而要注意的是，雖然這種植物被稱之為 balsam fir，但是它的樹脂裏並沒有苯甲酸，或是肉桂酸（benzoic acid or cinnamic acid）這些成份。這種香膏冷杉主要是生長在加拿大境內的太平洋沿岸地區，以及美國的阿拉斯加州西北部，東部及五大湖區域，所以這種香膏冷杉也被稱之為是加拿大冷杉（Canadian fir）。另外一種植物的學名是 *Abies alba*，如果站在這種植物的下面抬頭看，它的葉子的顏色是銀色的，所以這種植物的英文俗名是 silver fir。因為這種冷杉主要是生長在歐洲地區，所以也被稱之為 European silver fir，中文的翻譯為歐洲冷杉、或是銀冷杉。

這二種冷杉植物長的都很好看，而且都帶有香味，所以常做為裝飾用的聖誕樹，也可以用於製作紙漿，或是做為輕質的結構木材。它的樹皮底層可以食用，常用於製造糕點。樹脂可以用於醫療之用。利用蒸餾的方式可以從它們的樹葉，或是樹枝，或是從樹幹上所收集來的樹脂裏萃取出精油，或是萃取出凝香體及原精，而所萃取出的原精大多是半固體狀的膏狀物。它們的味道被描述為會讓人想起聖誕樹的香味，另外還被描述為是帶著點甜甜的果醬風味，它會讓香水帶著像是走進樹林裏所聞到的綠意，但是因為蒸餾時所採用的原料可能是來自於不同的樹種，或是來自於不同的部位，因此所獲得的風味也有些差異，所以當使用這些精油，或是凝香體，或是原精時是要留意它們的來源，看看它們是來自於哪一種冷杉，或是從哪一個部位，以什麼方式萃取的。

在亞洲的溫帶地區常會見到松、杉、柏這些常綠的裸子植物。在中文裏被稱之為冷杉的植物其實是屬於松科的，而不是屬於杉科。這種情況常令人感到困惑。中國傳統上認定的冷杉、鐵杉、雲杉、油杉等這些植物與西方植物學家所定義的杉科植物（Taxodiaceae）是有些不同的。它們為何被叫成「杉」，這可能是因為它們的葉形較類似於「杉」的條片狀線形葉，而不是印象中「松」所具有的針形葉。

雲杉

雲杉的英文俗名是 spruce，在植物分類學上，它是歸屬於松科裏的雲杉屬（*Picea*），雲杉屬裏的植物大概有三十五種到四十種左右，其中有二種雲杉的精油在香水這個領域裏是比較常被提及的。一種是黑雲杉，這是因為它樹葉的顏色是很深的藍綠色，這種黑雲杉的學名是 *Picea mariana*。

雲杉的拉丁文屬名 *Picea* 的原意是「蘇格蘭松」（Scotch pine）。而黑雲杉的種名 *mariana* 指的是美國的馬里蘭州（Maryland）。但是根據資料上的記載，美國的馬里蘭州並沒有這種樹。不過黑雲杉這種植物的原產地確實是在北美洲的加拿大及美國。它的主要用途是做為造紙用的紙漿。利用水蒸汽蒸餾的方式可以從它的樹葉裏蒸餾出一種淺黃色的黏稠液體，它的味道除了帶有很清新的木質香味外，它還被描述為是帶著點檸檬味的香膏香味（lemon balm）。

另外一種雲杉是白雲杉，它的學名是 *Picea glauca*。白雲杉的原產地也是在北美洲的美國及加拿大。因為它的樹葉上常覆蓋著一層白色的蠟狀物質，所以當地人稱它為 white spruce。利用水蒸汽蒸餾的方式可以從它的樹葉裏蒸餾出精油來，不過有的資料說白雲杉精油的味道並不是很好聞，因此比較不適合用於調配香水。

香油膏香調

接下來我們要看看所謂的香油膏香調的精油，在英文的書籍裏是寫成 balsamic essences。這一類的精油也是從樹木所分泌出的樹脂裏萃取出來的，只是在這些樹脂裏是含有苯甲酸，或是桂皮酸（benzoic acid or cinnamic acid）這些成份，因此這一類精油的香味是被另外的劃分出來自成一類。歸屬於這一類的樹脂包括了安息香脂，蘇合香脂，妥魯香脂，祕魯香脂及零陵香豆。這幾種精油的香味都還有一個共同點，那就是在基本的木質香味外，它們還帶著點花香及香草（vanilla）的香味。

安息香脂

在東南亞地區有一類歸屬於安息香科（Styracaceae，也有的命名為野茉莉科），安息香屬（*Styrax*，也有的命名為野茉莉屬）的植物，這一屬裏的植物大概有 100 多種。當這些植物的樹皮有了傷口，那麼從傷口處會流出些樹脂，這些樹脂都叫做安息香脂，它們的英文名稱是 Benzoin resin，簡稱為 Benzoin。但是也有一種化學品的商品名也是叫做 Benzoin，這種化學品的全名是 2-氫氧基-2-苯基-苯乙酮（2-hydroxy-2-phenyl-acetophenone）。因此當看到 Benzoin 這個名稱時要留意一下，看看到底說的是什麼。不過安息香脂（Benzoin resin）裏到是沒有 2-氫氧基-2-苯基-苯乙酮這個東西的。

這 100 多種安息香屬的植物所分泌的安息香脂在市面上看到的只有幾種。對香水這個領域來說，一種稱之為越南安息香脂，或是稱之為暹羅安息香脂，或是泰國安息香脂（Siam Benzoin）的樹脂是常被使用於精緻的高級香水裏。這種安息香脂是取自於一種越南安息香樹，這種植物的學名是 *Styrax tonkinensis*。原本這種樹脂的顏色是乳白色的，時間久了以後，它的外表會轉變成黃色及紅棕色。這種樹脂裏含有香草素（vanillin），所以它的味道是帶著點香草的香味。另外它還含有大量的苯甲酸及苯甲酸酯，然而這種安息香脂裏是沒有肉桂酸（桂皮酸）的。

這種安息香脂可以完全的溶解在酒精裏，它是一種非常好的定香劑，幾乎可以添加在任何香調的香水裏。因為它具有這個特性，所以安息香脂也可以用於潤飾純酒精所帶的「青澀」酒味。通常的做法是在一公升的酒精裏添加 2 毫升濃度為百分之十的安息香脂酊劑，靜置二個星期後，再以這種酒精溶液去調配所要的香水。在香水這這個領域稱呼這個動作為 prefixation，它的目的是讓酒精更為「圓融」（round-off）。

另外還有一種被稱之為蘇門答臘安息香脂（Sumatra Benzoin）的安息香樹脂，這種樹脂是取自於一種學名為 *Styrax benzoin* 的植物，這種樹脂的顏色是紅棕色，但常帶點灰色。除了香草素、苯甲酸及苯甲酸酯外，它還含有桂皮酸及各種桂皮酸酯，因此它的香味是比較獨特及豐富的。但也許就是因為含有桂皮酸及桂皮酸酯，所以有的資料說它的香味不及暹羅安息香脂，那是因為暹羅安息香脂所含的雜物較少，當然這是見仁見智的說法。不過根據資料上的記載，一般而言，安息香脂的等級是依據它所含的雜物含量，以及它的顏色來做區分的，顏色比較淺的，比較透明的，它的香味品質似乎也比較清純些。

另外還有一種與蘇門答臘安息香脂非常相似的安息香脂叫做檳城安息香脂（Penang Benzoin）。這種安息香脂是產於馬來西亞，然而在以前它是運到蘇門答臘去裝船的，所以有的資料把它併入蘇門答臘安息香脂裏。這種檳城安息香脂的香味與蘇合香（storax）的香味比較接近，所以有的資料說這種安息香脂的香味品質是最好的，只是似乎沒有任何資料能很明確的指出是哪樣的樹種分泌這種安息香樹脂。

安息香樹是落葉的灌木或是喬木，有些安息香樹會長的很高，有的會長到二十幾公尺高。它們本身不會流出樹脂，一定是樹皮上有了傷口才會有樹脂流出。安息香脂的英文名字Benzoin是從阿拉伯語的luban jawi去掉第一個音節後轉變為義大利文，然後再轉變成英文的。它的原意是來自於爪哇的乳香（frankincense from Java），所以自古以來安息香脂就是一種很重要的薰香料。安息香脂具有醫療的效果，所以有些地區把它當成是一種藥劑，目前市面上的商品有精油，酊劑（tincture，樹脂直接溶在酒精裏）及凝香體。

嚴格的說，市面上所販售的安息香精油並不是真正的「精油」（essential oil），而是安息香脂溶於酒精裏的酊劑。它是一種黏稠的黃棕色（golden brown）液體。在調配香味類似於龍涎香的植物性龍涎香精時，安息香脂是一種很重要的成份。下面的配方是一個很普通的龍涎香精配方表，這種龍涎香精可以用作為調配香水的基礎香。

250	勞丹脂　Labdanum
250	香草　Vanilla
100	安息香脂　Benzoin
100	祕魯香脂　Peru balsam

上面的配方表裏所列出的原料有些是固體的，那麼可以先將它們加熱，讓它們熔融成液體後再攪拌均勻。因為有的資料把這種龍涎香精命名為ambres，因此有的中文資料稱它為琥珀油。當然上面的配方只是眾多類似配方裏的一種而已，而

且它所列出的是最基本的成份，其實可以根據自己的喜好再添加上其它的香精或是精油。談到這裏，我們要留意，在香水這個領域，ambres 還有另外一個意義，那就是任何含有龍涎香（ambergris）的混合物也叫做 ambres。

有的資料記載著，在面霜裏添加安息香脂會讓皮膚變得更有彈性，更柔軟，但是從不同樹齡的安息香樹所採收到的安息香脂的品質是有很大的差異，大概樹齡是在六到十年的安息香樹所分泌的安息香脂的品質是最好的，樹齡愈大，品質就逐漸下降了。另外有些人的皮膚對安息香脂會產生過敏，因此使用前要做皮膚過敏性測試。

蘇合香脂

大概在 1928 年左右，著名的調香師恩尼斯・鮑（Ernest Beaux）為布爾若斯公司（Bourjois，現為香奈爾公司的子公司）開發了一款當時是世界上最有名的香水，這款香水叫做「巴黎之夜」（Soir de Paris，Evening in Paris），他採用了雪松（cedar），香根岩蘭草（vetiver），蘇合香脂（styrax），及香草（vanilla）做為「巴黎之夜」的基礎香，那麼現在就讓我們來看看 styrax 這個蘇合香脂到底是個什麼東西。

古希臘語稱原來生長在小亞西亞一帶一種學名為 *Styrax officinalis* 的安息香樹所分泌的樹脂為 styrax，這種樹脂的中文名稱為蘇合香脂。Styrax 也可以寫成 storax，所以這種植物也叫做 storax tree，這個名稱也就是安息香屬屬名 *Styrax* 的緣由。因為這種樹脂是一種黏稠的半流體物質，可以用來黏合其它粉末狀的薰香料，所以在早期這種樹脂是做為一種薰香料。

但是隨著時間的演變，蘇合香脂 styrax 的定義發生了改變，尤其是在香水這個領域裏。現在認定的蘇合香脂 styrax 是由楓香科（Altingiaceae）裏一種學名為 *Liquidambar orientalis* 的蘇合香樹所分泌的樹脂。*Liquidambar* 的中文屬名是楓香屬，這是因為這一屬的代表性植物是 *Liquidambar formosana*，它的中文名稱是楓香樹。又因為這種楓香樹的原產地是臺灣，所以它的種名被命名為 *formosana*。

學名為 *Liquidambar orientalis* 的這種蘇合香樹的原產地是在小亞細亞的土耳其河流域。它可以長到十公尺高。在夏天的時候，當地人會抽打這種蘇合香樹的樹皮，因而它的內皮會流出樹脂。如果把這層內皮剝下，然後浸泡在燒滾的熱水裏，那麼樹皮裏的樹脂就會分離出而飄浮到水面上，這種樹脂是一種半透明的、暗棕色的黏稠膏狀物質，有的英文資料稱這種蘇合香脂為 Liquid storax，或是叫它為 Oriental storax。

如果將這種蘇合香脂溶解在酒精裏，過濾後所得到的濾液再於真空下將酒精蒸掉，那麼所得到的凝香體是透明的，這種凝香體可以再用酒精稀釋成百分之十濃度的酊劑，如果用水蒸汽蒸餾蘇合香脂，也可以蒸餾出精油來，它們的風味是帶著黃水仙（jonquille，rush daffodil），風信子（hyacinth），夜來香（tuberose）的香味，它是廣泛的被添加於花香系列的香水裏。

另外在中美洲及中南美洲的宏都拉斯及墨西哥等地有一種楓香屬的植物，它的學名是 *Liquidambar styraciflua*，這種植物也能分泌出一種半透明像蜂蜜一樣的黃色黏稠樹脂。威廉・普謝爾（William Poucher）所編寫的《Perfumes，Cosmetics & Soaps》這本書裏稱這種樹脂為液體蘇合香（Liquid storax），但是更多的資料稱它為美洲蘇合香（American storax）。當這種美洲蘇合香暴露於空氣裏一段時間以後，它的顏色及透明度會轉變成像琥珀一樣，這就是屬名 *Liquidambar*（Liquid amber）命名的緣由了。

祕魯香脂

在中國的北方，槐樹是一種很常見的植物。在中國的歷史上，槐樹也有它一定的地位及見光度，譬如說，明朝最後一位皇帝崇禎在吳三桂領清兵入山海關後，就是自縊於煤山上的一棵槐樹下。

在地球的另外一邊，也就是在遙遠的中南美洲，有一類植物的中文屬名是美洲槐屬（*Myroxylon*）。從這些植物樹幹的傷口處會流出樹脂，這些樹脂不只可以用在香水裏，在藥典裏也是很常見到的。但是不同植物學家對這一屬植物的認定卻是有相當大的分歧，因此這些樹的學名也就是眾說紛紜了。因此我們僅能依據威廉・普謝爾編寫的《Perfumes，Cosmetics & Soaps》這本書裏的資料來討論。

在中美洲薩爾瓦多這個國家靠太平洋沿岸的山區有一種學名為 *Myroxylon pereirae* 的豆科植物，這種植物可以長的很高，有的會長到五十英尺高。當這種植物長到有十年的樹齡時，當地人就會用粗的棍子打它的樹幹，當小心的把敲鬆的外皮剝下後，黃色的內皮就會暴露出來，同時會有樹脂流出，這時當地人會拿些破布去纏繞傷口，藉以吸取流出的樹脂。當樹脂停止流出後，他們再用火去燒烤傷口，這樣就會有更多的樹脂繼續流出。當破布裏充滿了樹脂，當地人就把破布連著樹脂給扔到煮沸的開水裏，讓破布裏的樹脂分離出來，冷卻後，這種樹脂是比水重，所以會沉到桶底。從桶底撈上來的樹脂叫做 Balsamo de Panal，或是叫做 Balsamo de Trapo，這種樹脂的品質比較好。另外當第二次流出的樹脂停止流出後，當地人就把燒過的樹皮剝掉，然後再於傷口處切割出更深的溝槽，這時又會有樹脂流出，這種樹脂稱之為 Balsamo de Contrastique。當這種樹脂也停止流出後，他們就把樹皮整個的剝下來，放在煮沸的開水裏煮，讓樹皮裏面的樹脂再分離出來，這種樹脂的品質比較差，這種樹脂稱之為 Balsamo de Cascaro。一般市面上所販售的樹脂是這三種樹脂依一定比例混合而成的，這種樹脂就是所謂的祕魯香脂，它的英文名稱是 Peru balsam。

很早以前，薩爾瓦多當地的印地安人就知道這種黏稠的像糖蜜一樣的黑棕色樹脂具有醫療的效果，他們用祕魯香脂來治療氣喘，感冒，風濕病及外傷，他們也用祕魯香脂來除臭，今日祕魯香脂更是廣泛的被使用於染髮劑，抗頭皮屑的洗髮乳裏。

祕魯香脂是像糖蜜一樣的黏稠，它的味道被描述為是帶著香草的香味，在香水裏是當做香水的定香劑來用。它可以直接的使用，但是為了使用的方便，它也可以先溶於酒精裏後再使用，通常是和酒精以一比一的比例混合。也有的是以水蒸汽蒸餾出它的精油後再使用。它賦予香水的是一種很溫馨

（warmth）的感覺，它幾乎能與所有的香精，或是精油搭配的很完善，所以在許多不同香調的香水裏都能發現祕魯香脂的蹤影，它尤其是常被使用於花香系列的香水裏。另外在具有東方神祕色彩的香水裏，它更是常與檀香，麝香及香草一起搭配著使用的。

市面上所販售的香水裏，使用祕魯香脂最為有名的當屬德奧塞香水公司（Parfums D'Orsay）所推出的一款名為「藍色的標幟」（Etiquette Bleue）的香水了。說到這款香水，它的背後到是有一個很浪漫的傳說。十八世紀末，愛爾蘭這個國家誕生了一位女作家（1789-1849），她的名字是瑪格麗特・鮑爾（Marguerite Power），她的父親是一位貧窮而又脾氣暴躁的農莊主人。當瑪格麗特才 15 歲的時候，她就在她父親的逼迫下嫁給了一位同樣粗暴的男人，這段婚姻維持沒有多久，瑪格麗特就因為受不了她先生的毒打而逃回她父親的家裏。不久之後她離開了愛爾蘭來到了倫敦，在倫敦她碰到了一位叫做布萊辛頓的富有伯爵（Earl of Blessington）。當布萊辛頓伯爵的夫人去世之後，瑪格麗特就成了新一任布萊辛頓伯爵夫人，這一年瑪格麗特是 28 歲，這時她已是一位極其美麗的女人，她不但嫵媚而又有氣質。但是布萊辛頓伯爵的年齡比她大太多了，所以瑪格麗特也一直未曾享受過愛情的滋味。過了沒多久，當她與布萊辛頓伯爵訪問歐洲時，她認識了一位年輕英俊的法國世襲伯爵奧塞（Count D'Orsay，1801-1852），很快的瑪格麗特就與奧塞伯爵陷入了熱戀，等到布萊辛頓伯爵過世後，他們就生活在一起，直到瑪格麗特去世。

當時在英國所流行的香水大多是以麝香為基礎香的，但是瑪格麗特很不喜歡麝香的味道，她想要一款香調比較清新的香水，因此奧塞伯爵就去學如何調配香水。大概就在 1830 年左右，奧塞伯爵配出了一款以祕魯香脂和檀香為基礎香的香水，並以 Eau de Bouquet 為名。這款香水深得瑪格麗特的喜愛。大約過了五十年，奧塞伯爵家族的人從檔案中發現了這個配方，並於 1908 年由他們所設立的德奧塞香水公司推出進入市場，在當時這是一款非常受歡迎的香水。當然這個故事到底是真的，還是假的，那就沒有人知道了。因為一個知名的香水總是要搭配上一個浪漫的故事才會有它的賣點。就像瑪麗蓮夢露為香奈兒 5 號香水所作的廣告：在晚上，瑪麗蓮夢露所穿的唯一一件衣服就是香奈兒 5 號香水，這句廣告詞不知觸發了多少人內心深處對一位世紀美人羅曼蒂克的幻想。

經過將近一百年的歲月，德奧塞香水公司於 1993 年重新推出了 Eau de Bouquet 這款香水，但是換了一個新的名字，它叫做 Etiquette Bleue，中文的翻譯是「藍色的標幟」。Etiquette 這個字在英文裏的意思是禮儀，但是在法文裏，它的意思是標幟。另外 Eau de Bouquet 似乎可以翻譯為「花束上的水珠」。

祕魯香脂裏含有多量的苯甲酸、肉桂酸和苯甲酸、肉桂酸的酯類化合物，而這一類化合物對敏感性皮膚是有刺激性的，因此當使用含有祕魯香脂的香水時，最好先進行皮膚敏感性的測試，這樣才不會對皮膚造成傷害。

妥魯香脂

中南美洲的哥倫比亞原來是西班牙的殖民地，很早以前就有人在哥倫比亞的妥魯（Santiago de Tolu）這個地方找到一種樹脂，這種樹脂被稱之為 Tolu Balsam，中文翻譯為妥魯香脂。但是有很長的一段時間，對於這種樹脂到底是從哪一種植物採收來的則是眾說紛紜。現今大概知道妥魯香脂是由一種學名為 *Myroxylon toluifera* 的植物的樹幹所流出的樹脂。這種植物長的跟分泌祕魯香脂的植物很類似，它們都是歸屬於豆科，南美槐屬的植物，但是採集它們樹脂的方式卻有很大的差異，當地人在 *Myroxylon toluifera* 這種植物的樹幹上切割出 V 型的溝槽，然後用一種像葫蘆一樣的杯子去接流出來的樹脂，經過一段時間以後，原來是黏稠的樹脂會變硬，顏色也變成淺黃棕色，它的味道比較接近於香草及安息香，但是也有的資料描述說它還帶點玫瑰花的香味，或是風信子的香味。妥魯香脂很容易溶解在酒精裏，它也是用於基礎香作為定香劑。市面上還有一種用水蒸汽蒸餾出來的精油，但是它的風味似乎不是那麼的豐富。

零陵香豆

在香水商業產品這個領域裏的競爭是非常激烈的。每一個成名品牌的背後都有大量資金的堆砌。現今依然存在的著名品牌的背後都是些財大、勢大的公司。從十八世紀起，陸續成立的香水公司有哪些到現在還存在呢？有哪些已名存實亡了？在這段悠久的歲月裏，有些品牌已經消失了，但有些依然留傳著。在這麼多的香水裏，有五種香水被認為是世界上最經典的香水，這五種香水分別是讓・帕圖公司（Jean Patou）的「愉悅」（Joy），香奈兒公司的 5 號香水（Chanel No 5），嬌蘭公司（Guerlain）的「一千零一夜」（Shalimar，也有的翻譯為愛的神殿），蘭文香水公司（Parfums Lanvin）的「光韻」（Arpège），蓮娜麗姿公司（Nina Ricci）的「比翼雙飛」（L'Air du Temps）。

這五家公司裏，歷史最悠久的當屬嬌蘭（Guerlain）公司了，它是彼埃爾・弗朗索瓦・帕斯卡爾・嬌蘭（Pierre François Pascal Guerlain）於 1828 年所創立的。據估計，至今它們所推出的香水款式已超過了七百種以上，大部份都名傳一時，有些在香水這個領域裏更是經典之作。譬如說，1889 年所推出的「姬琪」（Jicky）這款香水首次採用了現今稱之為「金字塔」式的香調概念去調配香水。從此調配香水不再只是單純的模仿天然花香的香味了。「姬琪」香水顯示的是一款具有多面相的香水，它揉合了不同的香味於一體。「姬琪」這款香水採用了香草素、香豆素及零陵香豆作為它基礎香的一部份。

香豆素是零陵香豆裏的一種重要成份，「姬琪」、「愛的神殿」，和許多其它知名的香水一樣都添加有零陵香豆做為它們基礎香的一部份。零陵香豆的英文名稱是 Tonka Bean，這個名稱源自於南美洲法屬蓋亞那（French Guiana），卡立勃族（Carib）印第安人的土語，它指的是一種原產地為蓋亞那（Guyana）的植物所結的種子。現今零陵香豆的主要產區是南美洲的委內瑞拉（Venezuela）。這種植物是屬於豆科的，它的學名是 *Dipteryx odorata*。*Dipteryx* 這個屬名裏的 Di 在拉丁文裏的意思是二個，pteryx 的意思是翅膀，這一屬植物的種子是有二片的，好像二個翅膀，中文的翻譯是二翅豆屬。

零陵香豆這種植物會長的很高，有的資料說它可以長到三十公尺高。它是一種很好的建材，可以用來做為造船的材料，中文也稱這種植物為龍鳳檀。它的種子很像杏仁，包裹在姆指般大小的豆莢裏。當零陵香豆的種子成熟以後，它需要再經過熟成（curing）的處理步驟。一般是先把零陵香豆浸泡在酒精裏十二到二十四小時，讓零陵香豆膨脹，這時零陵香豆的顏色會變成黑色，然後再把零陵香豆取出攤開，讓多餘的酒精揮發掉，在這個乾燥的過程裏，零陵香豆會縮小，它的表面會覆蓋上一層白色的香豆素。如果這時後再用酒精去浸泡熟成的零陵香豆，讓零陵香豆裏的香氣成份、樹脂及一些像蠟的東西溶解到酒精裏，然後再把酒精給揮發掉，那麼就得到了一種黃色或是淺黃棕色的半固體物質，這就是零陵香豆原精（Tonka Bean Absolute）。它的味道主要是來自於它所含的香豆素，它的味道被描述為是很像聞到了香草，或是杏仁，或是肉桂，或是丁香的味道。也有的資料描述它的味道是好像聞到剛收割的乾草的味道，也有的資料說它的香味可以取代麝香。它經常搭配著檀香一起使用，因此採用它作為基礎香的頂級香水真可說是不勝枚舉。

但是現在，香豆素被懷疑是一種會引起癌症的物質，因此零陵香豆也跟著被列為有毒的精油，所以目前一般的資料都建議不要使用零陵香豆，這樣一來對那些使用了零陵香豆的知名香水會有什麼影響，那就不得而知了。

麝香香調

接下來我們要看的是麝香香調的精油，有的資料是把這類的精油歸類於動物性的精油（animal essences），但是我們現在要討論的這一香調的精油是從植物裏萃取出來的，只是它們的味道是很類似於麝香的味道。歸屬於這一香調的精油有麝香葵，快樂鼠尾草，雲木香及菸草。

麝香葵

每當讀到白居易《憶江南》這首詩裏的「吳酒一杯春竹葉，吳娃雙舞醉芙蓉。」總令人想像起芙蓉花的豔麗，醉芙蓉是錦葵科（Malvaceae）、木槿屬（*Hibiscus*，也叫做黃槿屬）裏的植物，醉芙蓉的學名是 *Hibiscus mutabilis*。

顧名思義，木槿屬裏的代表性植物就是木槿了，木槿的英文名字是 Hibiscus，或是叫做 Rose of Sharon。它的學名是 *Hibiscus syriacus*，*Hibiscus* 的字源是希臘文裏的 ibis，它指的是一種很像鷺鷥的鳥，有的資料說 *Hibiscus* 這個屬名的緣由是因為木槿的果實長在長長的葉柄上，好像鷺鷥的形狀，也有的資料是說因為鷺鷥喜歡吃木槿這種植物。

醉芙蓉也叫做重瓣芙蓉，或是叫做山芙蓉，它和木槿一樣，它們的原產地都是中國。在印度有一種植物，它原本是歸屬於木槿屬的，它的學名是 *Hibiscus abelmoschus*。*Abelmoschus* 這個字的字源是阿拉伯語裏的 Kabb-el-misk，它的意思是麝香的種子（grain or seed of musk），顧名思義，這種植物的種子帶有麝香的味道。這種植物的英文名字有 musk mallow，musk okra，ambrette，它的種子也被叫成 musk seed，或是 ambrette seed，因此有的中文資料把這種植物給翻譯為麝香葵，但是一般的稱呼是黃葵。現在這種植物的學名被重新命名為 *Abelmoschus moschatus*，這是因為植物學家把木槿屬裏大約二、三百種植物中的十五種給挑出來，將它們重新歸類為一個屬，它的屬名是 *Abelmoschus*，中文的譯名為秋葵屬，這一屬的代表性植物是秋葵，秋葵的英文名字是 okra，學名是 *Abelmoschus esculentus*。

麝香葵的果實很像秋葵的果實，只是比較短，比較胖，有點像金字塔的形狀。麝香葵的果實成熟以後會裂開，裏面有許多小小的灰棕色，或是近乎於黑色的種子。利用水蒸汽可以從這些種子裏蒸餾出精油來，但是更常用的是利用溶劑，或是酒精，或是二氧化碳從這些種子裏萃取出凝香體及原精來。它們的香味被描述為是像麝香一樣，這主要是因為這些精油，凝香體及原精裏含有一種很像麝香酮的化合物。另外有的資料說它還帶有點龍涎香的味道，又好像帶點熟透的果香，或是帶點白蘭地的香味，如果香水裏添加了麝香葵子的精油，或是添加了麝香葵子的凝香體，或是添加了麝香葵子的原精，那麼它們的效果與添加麝香的效果是一樣的。因為麝鹿已被列為是受保護的動物，而且有的國家，像是美國已禁止在香水裏添加麝香，再加上很多人工合成的麝香都被發現是具有致癌性，因此現今印度這個國家正大力推展種植麝香葵這種植物，只是到目前為止，麝香葵子精油，或是麝香葵子凝香體，或是麝香葵子原精的價格仍然是居高不下。

快樂鼠尾草

最初看到「快樂鼠尾草」這個名稱時，以為這種植物長的是跟老鼠的尾巴一樣，一定是細細長長的。但是當看到這種植物後，發覺它長的不像是老鼠尾巴嗎！ 怎麼會叫「鼠尾草」呢？ 而且它還很「快樂」呢。後來看到了這種植物的英文名稱及它的學名，才會意過來，不過也真的很佩服當年的「命名人」，怎麼會想出這麼一個名字。

快樂鼠尾草的英文名稱是 Clary sage，它的學名是 *Salvia sclarea*，它是屬於唇形科（Lamiaceae）、鼠尾草鼠（*Salvia*）的植物。這種植物的原產地是在歐洲及地中海那一帶，現今的主要栽培地有法國、俄羅斯、英國、摩納哥及匈牙利。這種植物長的不是很高，最多長到六、七十公分高，但是它的花梗卻可以長到一公尺以上。它所開的花從白色到紫色的都有，單獨的從這些花及花梗裏是可以蒸餾出精油來，但是市面上常見到的精油是當快樂鼠尾草所開的花快要謝了，而種子還沒成熟前，將地上的植株，包括莖、葉、花及種子採收下來，用水蒸汽蒸餾出它們的精油。這種精油是淺金黃色的，香味很精緻，它們的味道很像龍涎香和麝香的味道，同時還帶有橙花及薰衣草的香味，這是因為快樂鼠尾草精油裏大約含有百分之七十的乙酸芳樟酯（Linalyl acetate）及百分之十的芳樟醇（Linalool）。如果在化學合成的香水裏添加一點點的快樂鼠尾草精油，整個香水的品味會提升不少，但是通常要擺一段時間以後，這種效果才會顯現出來。

快樂鼠尾草精油通常是做為合成麝香與合成龍涎香裏的一個重要成份，它更是調配柑苔香調，康乃馨香調這一類香水所不可或缺的成份。

當蒸餾快樂鼠尾草精油時，隨著精油冷凝下來的蒸餾水裏還是含有許多香味的成份，這種快樂鼠尾草香味水（Clary sage water）與玫瑰花水及薰衣草水是齊名的，當以一定的比例與酒精混合，也是另一類的古龍水（Colonge）。

如果用溶劑蒸餾可以得到快樂鼠尾草的凝香體，如果再用酒精萃取，可以得到灰色或是黃綠色的快樂鼠尾草原精，這種原精的香味也是非常的精緻，並且香味能維持的很久，它常用做為調配柑苔香調香水的基礎香。

雲木香

在印度，尤其是在喀什米爾（Kashmir）的山區有一種多年生的菊科（Asteraceae）植物，這種植物的中文名稱是顯脈鳳毛菊，它的根曬乾以後是帶有香味的，它的香氣像蜂蜜一樣，所以被稱之為蜜香，或是稱之為木香。自古以來它就是一種很重要的中藥材，有的資料說它位列五大中藥材中的一種。在以前，這種藥材是從印度經孟買運到中國的廣東，然後再從廣東運到中國的其它地方，因此這種中藥材被稱之為廣木香。

大約是在 1935 年左右，中國的雲南地區開始種植這種植物，結果相當成功，甚至於外銷到其它的國家，因此這種中藥又被稱為雲木香。

雲木香在英文裏是被稱之為 costus root，但是它的學名卻相當混亂，中文的資料大多是把它歸類於雲木香菊屬（*Aucklandia*，或是稱之為雲木香屬），這類型的學名有 *Aucklandia lappa*，或是 *Aucklandia costus*。而國外的資料則有的是將它歸類於鳳毛菊屬（*Saussurea*），這種歸類的學名包括有 *Saussurea lappa*，*Saussurea auriculata*，*Saussurea costus*。也有的將它歸類於木香屬（*Aplotaxis*），這種歸類的學名包括了 *Aplotaxis lappa*，*Aplotaxis auriculata*。也許看了那麼多的學名，眼睛都花了，但是它們所指的都是同一種植物。

雲木香這種植物多生長在海拔 2500 公尺到 4000 公尺的高山上。它比較喜歡涼爽，濕潤的氣候，它的植株可以長到一、二公尺高。它的主根粗壯，呈圓柱形，外皮是褐色的，有稀疏的側根。當雲木香長到第三年的時候，在秋天，當它的葉子變黃以後，挖掘出它的根，曬乾切短，那就是中藥裏的雲木香。

以前，在印度所採收的雲木香大多是運到歐洲去，經過磨粉後，用水蒸汽蒸餾出它的精油。雲木香精油是黏稠的淺黃色液體，有的顏色比較深，近乎褐色。這種雲木香精油的英文名稱是 costus root oil，或是叫做 costus oil。一般來說，雲木香精油的味道是很複雜的，有的資料說它帶有鳶尾根，或是帶有香根岩蘭草的味道，或是像聞到古老家具的木質味道，除了這些，似乎還能聞到像是頭髮的味道，或是聞到一隻淋濕的狗身上的味道。通常會添加雲木香的是那些聞了會讓人著迷的東方香調的香水。

菸草

今天，屬於世界性的飲食有許多是從美國發展出來的，像是麥當勞，可口可樂，當然這可能與美國的國力有關了。另外還有一種東西，它也是從美洲大陸延伸出來的。它深深的引誘著人心底的刺激感，而且它似乎是愈禁愈流行，那就是香煙。可能早在千年以前，美洲地區的印第安人，尤其是加勒比印第安人（Carib Indian）早就已經知道將菸葉捲起來吸食了，隨著新大陸的發現，這項習慣也就從西班牙傳入歐洲，最後席捲整個世界。

但是菸草只是一個通稱而已，它們是有許多不同的品種。它們都屬於茄科（Solanaceae）、菸草屬（*Nicotiana*）的植物。茄科裏至少有二千四百種植物，分類為九十五個屬，有許多是具有重要的經濟價值。像是蕃茄屬（*Lycopersicum*），菸草屬（*Nicotiana*），茄屬（*Solanum*），辣椒屬（*Capsicum*），枸杞屬（*Lycium*）等。

菸草屬裏的植物不都是可以用來製作香煙或是雪茄的，有的只是用來觀賞的，譬如說在英國有一種菸草屬的植物，它的學名是 *Nicotiana affinis*，它的俗名是茉莉菸草（Jasmine Tobacco），顧名思義這種菸草植物所開的花非常香，但是市面上好像還沒有萃取自這種菸草花的精油。

用來製作香煙或是雪茄的菸草最重要的大概就屬 *Nicotiana tabacum* 這個品種了。通常菸葉採收以後要經過熟成的過程，它的香味才會顯現出來。如果讓菸葉自然的風乾，菸葉最初會變黃，然後變成棕色，這樣的菸草叫做棕色菸草（Brown Tobacco）。如果把菸葉放在一個房間裏，然後通上熱的空氣，讓菸葉熟成，這樣菸葉會變成金黃色，這種金黃色菸草的英文名稱是 Blond Tobacco。使用酒精可以從這種菸葉裏萃取出原精來，它的顏色是深棕色的，它的味道就是香煙的味道。通常是添加於男用的香水裏，如果添加於花香系列的香水裏是會淡化花香的甜味，資料上所用的術語是讓花香「乾燥」一點（dry note），這樣就不會讓人聞了生膩。

土質香調

接下來我們要看的是所謂的土質香調的精油，在英文的書籍裏是寫成 earthy essences。這一類的精油主要是從植物的根部萃取出來的，也有些是從樹葉，或是從長在樹木上的地衣裏萃取出來的。一般來說，這一類精油的味道並不是很好聞，它們的味道被描述為像剛犁過的土地所散發出那種帶點腐爛木頭的味道，但是當這一類的精油被添加到香水裏時，它們不只能讓香水裏各種成份的揮發速率趨於一致，更特殊的是它們能讓各個成份彼此之間的香味能更協調，更柔和，屬於這一類的精油有勞丹脂，香根岩蘭草，廣藿香，橡樹苔及當歸。

勞丹脂

在沿地中海四周一些土地貧瘠的地區有一類植物的英文名稱是 rock rose，中文的翻譯是岩薔薇，其實這個名稱是一個通稱，它代表的是植物分類學上的一個科，這個科的俗名就是 Rock rose family，它的拉丁文學名是 Cistaceae。所以照字面上來說，它應該是被翻譯為岩薔薇科，但是在中文的植物學書籍裏，或是在大部份的中文資料裏是把它翻譯為半日花科，而大英百科全書的中文版裏是把它翻譯為岩茨科。

岩薔薇科裏有八個屬，其中一個的屬名是 *Cistus*，它的中文屬名是岩薔薇屬。這個屬裏有二種植物是我們要討論的，其中一種植物的學名是 *Cistus creticus*，它主要是生長在地中海地區的東邊，另外一種的學名是 *Cistus ladanifer*，它主要是生長在地中海地區的西邊，這二種植物的中文名稱都是岩薔薇。這二種岩薔薇的葉子及樹枝上都長著無數能分泌樹脂的腺體細毛（glandular hairs）。在春、夏季的時候，這些腺體細毛會分泌出一種黏稠、但具有香味的膏狀樹脂，這些樹脂的香味隨著岩薔薇生長的地區而有不同的等級。早期採集這種樹脂的方法是把岩薔薇的樹葉及樹枝放進煮開的熱水裏，樹葉和樹枝裏面所含的樹脂就會分離出來，這種樹脂的英文名稱是 labdanum，中文的翻譯是勞丹脂。

勞丹脂在香料，草藥及香水這些領域裏是很重要的，它的顏色是深棕色的，帶有類似於龍涎香的香味，所以常添加於精緻的高級香水裏。現今抹香鯨是一種稀有的、受到保護的動物，所以有些國家，像是美國就禁止在香水裏添加龍涎香。而在生產高級香水最多的法國到還沒有禁止使用龍涎香。只是現今所能找到的龍涎香是越來越少，偶而在紐西蘭的海邊及南太平洋的一些珊瑚礁島嶼上還能找到些龍涎香，所以能用來調配合成龍涎香的勞丹脂就愈來愈重要了。

如果用酒精去浸泡勞丹脂，然後於真空下抽出酒精就得到勞丹脂的原精，它的味道也很像龍涎香，有的資料還描述說它還帶點麝香的味道，所以在許多不同香調的香水裏，尤其是在花香系列的香水裏都會添加上勞丹脂的原精。

另外如果用水蒸汽蒸餾岩薔薇的樹葉及樹枝也會得到一種精油，這種岩薔薇精油的英文名稱是 cistus oil。如果用溶劑去蒸餾岩薔薇的樹葉及樹枝是會得到岩薔薇的凝香體，如果再用酒精去萃取會得到另外一種原精，這種原精的香味與勞丹脂原精的香味是有點差異，有的資料說從岩薔薇的凝香體萃取出的原精的香味是最精緻的。所以當購買勞丹脂原精時要留意一下它的內容，譬如說岩薔薇的品種，出產的地區，廠牌，萃取的方式等等，這些都影響了原精的品質及價格。

香根岩蘭草

在印度有一種學名為 *Vetiveria zizanioides*，或是寫成 *Vetiveria zizanoides* 的茅草。這種茅草可以長到二公尺高，比較特殊的是這種茅草的根會向下長的很深，不像其它的草類植物的根是向旁邊長的，因此這種茅草的抓地力很強，因為這個緣故，聯合國在土壤流失非常嚴重的地區大力的推廣種植這種茅草。在台灣，農業界稱它為培地茅。如果將這種茅草的根挖出曬乾，它是帶有香味的，所以這種茅草也叫做香根草，在台灣是被稱之為岩蘭草。為了記憶上的方便，就把這二種名稱合在一起叫它為香根、岩蘭草。

如果把曬乾的香根磨成細粉，然後用水蒸汽蒸餾，可以蒸餾出帶著青草味的淺黃棕色精油，這種精油的英文名稱是 Vetivert oil，或是寫成 Vetiver oil。它的中文名稱可以是岩蘭草精油，或是香根精油。通常添加少許於花香系列的香水裏做為定香劑。一般來說，英國所產的香根、岩蘭草精油的香味是比較細緻的，這也許與他們所採用的蒸餾方法有關。

廣藿香

在印度、爪哇、蘇門答臘、印尼這些地區有一種學名為 *Pogostemon cablin* 的刺蕊草屬植物，這種植物的英文俗名是 Patchouli，中文翻譯為廣藿香。這種植物的葉子帶有薄荷的香味，因此在蘇門答臘，印尼這些地區是用來驅趕蚊蟲用的。這種植物原來是野生的，它可以長到一公尺高，群聚成為樹叢。因為它是一種重要的中藥材，所以現今已被大量的栽培。通常是採集它的嫩枝及葉子，曬乾以後以水蒸汽蒸餾，可以得到深棕色的精油。它的味道相當複雜，似乎可以分為好幾個層次。有的資料描述它是帶著甜甜的青草味，但也能聞出帶著淡淡樟腦味的泥土香，而在更深沉處卻是木質的辛辣味及刺鼻味。這種味道能維持一段很長的時間，如果放置久了，它還會轉變成類似於水果的香味。它是一種很精緻的定香劑，主要是搭配著勞丹脂，香根，檀香等精油添加於男用的馥奇香調及柑苔香調的香水裏。

橡樹苔

在許多花香系列香水的成份表裏可以看到 Oakmoss 這個名稱，這個名稱的法文是 mousse de chêne，法文裏的 chêne 就是英文裏的 oak tree，中文的意思是橡樹，大部份的中文資料是把 Oakmoss 翻譯為橡樹苔。但其實在 Oakmoss 這個名稱之後應該還有一個字，那就是 lichen，所以這種原精的真正來源是曬乾的 Oakmoss lichen。

Lichen 的中文名稱是地衣，它是真菌與藻類的共生體。真菌的英文名稱是 fungus，在我們日常生活裏是常見到這一類的東西的，譬如說在發霉的麵包上長的那些白色的，或是綠色的霉，又譬如我們常吃的洋菇、香菇等等，這些都是屬於真菌類的。

真菌類的生物是不能像植物一樣的行光合作用來製造自己的食物，它們必須靠吸取其它生物所製造的營養物來生存，而地衣就是某一類的真菌與一些綠藻、藍綠藻共同生活在一起的群體。綠藻、藍綠藻能吸收太陽能進行光合作用，然後構成地衣的真菌就吸取綠藻、藍綠藻所製造的養分而活。所以有的資料描述地衣的這種共生情況就好像是扮演農夫的真菌栽培著綠藻、藍綠藻，然後再採收它辛勤耕作的果實，因此地衣的分類方式就是根據組成它的真菌來分類的。

在歐洲某些地區，像是在法國及義大利這些國家，有一種地衣是長在橡樹的樹幹、或是樹枝上，這種地衣的學名是 *Evernia prunastri*。這種地衣本身是沒什麼味道的，但是曬乾了以後會散發出一種像是到了海邊所聞到的味道，或是像腐爛的木頭的味道。利用溶劑蒸餾的方式可以從這種曬乾的地衣裏蒸餾出它的凝香體。如果將這種凝香體浸泡在丙酮裏讓凝香體溶解，然後將過濾後的濾液於真空下加熱將丙酮抽走，那就會得到橡樹苔原精（Oakmoss absolute）。這種原精的味道有點像麝香，或是像薰衣草的味道，也有的資料描述說它還帶點木頭，或是帶點泥土的味道。另外也可以直接用水蒸汽從曬乾了的這種橡樹苔裏蒸餾出精油來，它的味道與原精的味道是有差異的。

香水界對橡樹苔原精的評價是很高的，幾乎可以說是一種不可或缺的成份。但有一點麻煩的是，不同廠牌的橡樹苔原精的味道是有很大的差異，這種差異來自於橡樹苔生長的環境，也就是橡樹生長的地區，萃取的方式及步驟。

橡樹苔原精幾乎可以添加在任何香調的香水裏做為基礎香的一部份，尤其是男用的馥奇香調及柑苔香調的香水更是以橡樹苔原精為它的主成份，不過要注意的是加多了反而會毀了所調配的香水。

當歸

對中國人來說，當歸是再熟悉不過的一種中藥了，晚上逛逛夜市都會看到不少賣當歸鴨的攤子，在植物學的分類上，當歸是屬於傘形科、當歸屬的植物，它的學名是 *Angelica sinensis*，照學名可以直接翻譯為中國當歸（Chinese angelica）。當歸屬裏大約有六十種的植物，很多都可以做為藥材，譬如說有一種學名為 *Angelica dahurica* 的植物，它的中藥名稱是白芷。

在歐洲有一種學名為 *Angelica archangelica*（或是寫成 *Archangelica officinalis*）的植物，它的英文俗名是 Norwegian angelica，中文的名稱有西洋當歸，洋當歸，歐白芷等等。在歐洲，這種西洋當歸的根是當作一種糖果、或是一種蔬菜，它的莖可以作為藥材。它開的花很香。利用水蒸汽蒸餾的方式可以從曬乾的根部蒸餾出一種淺棕色的精油，這種精油的英文名稱是 Angelica oil，有的中文資料把這種精油翻譯為歐白芷精油，也有的就叫它為當歸精油。

這種精油的味道很複雜，有的資料描述說它的味道可以分為好幾個層次，最初聞到的是胡椒的味道，接下來會聞到帶著青草香的泥土味，接著又會聞到像是麝香的動物性味道。整體來說，它是做為基礎香的一部份，它賦予香水的是一種淡淡的青草味。

綠葉香調

接下來我們要看看所謂的綠葉香調的精油，在英文的書籍裏是寫成 green scents。顧名思義，聞到這一香調的香味是會讓人感覺到像是聞到了綠葉的那種清新的氣氛。但是歸類於這一香調的精油到是不多，大概只有龍艾及薰衣草。而這二種植物的原精及精油的揮發性並不一致，它們的原精可以歸類到基礎香，而它們的精油卻歸類到本體香，或是歸類到頭前香。

龍艾

對喜歡烹調中國食物的人來說，在烹調的過程中添加蔥，薑，蒜這一類的調味料是不可或缺的，它們除了能增進食物的香味外，也能去除掉食物裏的某些氣味。然而除了香菜，芹菜之外，在中式菜餚裏添加新鮮的植物做為調味料的到是不太多。但是在西式菜餚裏，他們常採用新鮮植物的嫩葉或是嫩莖做為調味料，在英文裏稱這些可食用的調味植物，或是可用於醫療用的植物為 herb。

這些用於調味的植物都是帶有香味的，很自然的，香水界的調香師就會嘗試著將它們添加於香水裏，但是從這些植物裏所萃取出的精油的揮發性都比較快，所以它們主要是作為頭前香的一部份。但是有一種龍艾的原精卻可以用來做為基礎香的一部份。

龍艾的英文名稱是 tarragon，它的法文名稱是 esdragon，這二個名稱都是源自於拉丁文裏的 dracunculus。Dracunculus 這個名稱的原意是「一個小龍」（a little dragon），這也是龍艾這種植物學名 *Artemisia dracuncukus* 的根源。

龍艾又稱之為茵陳蒿，它是屬於菊科、蒿屬（*Artemisia*）的植物。它所開的小黃花很像菊花，它的葉子細細長長的，具有香味，通常是拌在沙拉裏，或是切成小丁撒在烹調好的菜餚上，或是浸泡在醋裏，或是浸泡在酒裏，增進醋或是酒的風味。

龍艾分為法國龍艾及俄國龍艾。法國龍艾的風味比較好，如果用水蒸汽蒸餾可以從龍艾的葉子或是植株裏蒸餾出淺黃綠色的龍艾精油。它帶著像茴香（anise）的味道，有的資料描述說它還帶著類似甘草的辛辣味，如果放久了，它的顏色會變深，變得比較黏稠，所以龍艾精油是需要儲存在冰箱裏的。

龍艾原精（Tarragon absolute）的味道就比較複雜，它除了帶著像茴香一樣的辛辣香味外，有的資料描述說它還帶點像是皮革，或是麝香，或是安息香的味道。

薰衣草

光看薰衣草這個名稱就知道這種植物是有香味的，原本它是用來薰香衣服用的。薰衣草的英文名稱 Lavender 是源自於拉丁文的 Lavare，它的本意是「洗滌」的意思，它與英文裏的洗衣服 Laundry 是系出同源。

但是薰衣草指的不是一種植物，它指的是唇形科、薰衣草屬的植物。薰衣草屬的屬名是 *Lavandula*，它們的原產地似乎是在地中海西邊的沿岸地區。這個屬大約有二十幾種植物，而每一個「種」又有許多的亞種、或是變種，因此不同的資料對薰衣草屬到底有多少個「種」的描述很分歧的。再加上各地區有不同的俗名，因此分辨薰衣草植物的學名是很令人傷腦筋的，但是當討論到薰衣草精油時，對精油的來源又必須很小心的確認，因為不同薰衣草精油之間的品質差異是相當的大，有的只能用在洗碗精的配方裏。

薰衣草這一屬植物最獨特的地方是它的紫色穗狀花和迷人的香味，它有藥草女王（Queen of the Herbs）的稱號。其實薰衣草是一種很好的調味料，許多的食物裏都可以加上一點點它的精油，或是將它泡在茶裏增進食物或是茶的香味。

薰衣草是多年生的植物，它的莖是直立生長的，但是會長成一叢一叢像是灌木的形態。有的會長到一公尺高。一般來說，薰衣草的葉子是細長型的，倆倆成對的長在莖上像羽毛一樣。花開在莖的頂端，成稻穗一樣的穗狀花序。大部份花的顏色是紫色的，但也有藍色的，粉紅色的，黃色的及白色的。整個植株密佈著含油腺的細毛，雖然整個植株都有芳香的氣味，但是香味最濃郁的部位還是它們的花朵，這也是用於提煉精油的主要部位，薰衣草精油的主要成份是乙酸芳樟酯及芳樟醇。

薰衣草喜歡生長在日照時間較長的地區，合適的生長溫度是攝氏十度到二十五度，這也就是歐洲成為栽培薰衣草最盛行地區的原因。薰衣草品種的分類是相當混亂的，有的資料是將薰衣草屬畫分為五到六個亞屬，然後再細述各個亞屬裏的種、亞種或是變種。另外，有的資料是將薰衣草屬裏的植物先畫分為英國薰衣草系（English Lavender），大薰衣草系（Lavandin），法國薰衣草系（French Lavender），西班牙薰衣草系（Spanish Lavender）四個系統，然後再討論。但是如果我們只從精油品質的角度去討論薰衣草，那麼只有三類的薰衣草是需要注意的，它們是小薰衣草（Fine Lavender），長穗薰衣草（Spike Lavender），及大薰衣草（Lavandin）。小薰衣草，長穗薰衣草是屬於英國薰衣草系裏的品種。一般來說，英國薰衣草系裏的品種比較耐寒。

小薰衣草又被稱做為狹葉薰衣草，學名是 *Lavandula angustifolia*，但是在早期是被稱之為原生薰衣草，學名為 *Lavandula vera*，或是叫做真正的薰衣草（True Lavender），學名是 *Lavandula officinalis*。狹義的英國薰衣草（English Lavender）指的就是這種薰衣草。現今有的植物學家把這種薰衣草再細分為二個「種」，但這個我們就不詳細討論了。

小薰衣草比較喜歡生長在海拔 700 到 1400 公尺的高山地區，所以它也被稱之為高山薰衣草。它的植株老化後，莖會變成木質狀。植株高約 30 公分，莖上長滿了狹長形的綠色或是灰綠色的小葉。花開在莖的頂端，它的花在花莖上是成一輪一輪的。花穗較短，沒有葉片及分枝。開花期較早，開的是藍紫色的小花。花的氣味是帶著甜味的清新花草香。從它的花裏所萃取出的精油或是原精是所有薰衣草裏最溫和，最精緻的，通常只有在頂級的香水裏才會添加這種精油或是原精。早期這種小薰衣草遍布在法國南部的地區，所以早期法國所產的這一種精油是萃取自野生的薰衣草，而英國所產的這一種精油是萃取自栽培的植株，當然現今是以萃取自栽培的植株為主要的精油來源。因為從這一種的薰衣草裏能萃取出最精緻的精油，所以現今全世界各地都有栽植，並且也發現有許多的變種，所開的花的已不再只是藍紫色的了。

長穗薰衣草（Spike Lavender）又稱之為寬葉薰衣草，這一種薰衣草的學名為 *Lavandula latifolia*，或是寫成 *Lavandula spica*。和小薰衣草不同的地方是它的木質莖比較長，分枝也比較多，所以樹叢也比較大。它的植株較高，可以高到 80 公分，它的葉子比較大，比較寬。開紫色的花，開花期比較晚。從花裏所萃取出的精油裏除了含有一般薰衣草精油所含的乙酸芳樟酯及芳樟醇外，它還含有樟腦，這是這一種薰衣草精油的特色，但也因而降低了這一種薰衣草精油的品質，所以這種精油主要是添加於清潔用品，或是加在油漆裏，或是做為驅蟲劑，或是做為廉價食品的調味料。

大薰衣草（Lavandin）是小薰衣草和長穗薰衣草的雜交種。大薰衣草的植株較大，生長也較快，產量大，抗病性也較強，因此是目前栽植最多的薰衣草。大薰衣草未開花時的植株可以長到 90 公分高，它的花莖比較長，花也比小薰衣草的花大，顏色也較深。開花期是介於小薰衣草和長穗薰衣草之間，它的精油產量比小薰衣草多，但是品質不如小薰衣草，大多使用於品質較差的香水裏，或是使用於室內清香劑裏。

西班牙薰衣草系（Spanish Lavender）和法國薰衣草系（French Lavender）裏的薰衣草主要是做為庭園觀賞用的。西班牙薰衣草系的代表性品種是頭狀薰衣草，它的學名是 *Lavandula stoechas*，它的特徵是圓錐狀的花穗比較短，而且比較粗，開的是暗紫色的花，花的頂端有像蝴蝶翅膀般的苞片，整株花可以採用做為乾燥花之用。而法國薰衣草系的代表性品種是齒葉薰衣草，它的學名是 *Lavandula dentata*，這種薰衣草的特徵是它狹長的葉片邊緣呈鋸齒狀。

利用水蒸汽蒸餾的方式可以從薰衣草的花朵及花梗裏蒸餾出薰衣草精油來。小薰衣草精油的顏色是淺金黃色的，剛蒸餾出的小薰衣草精油的味道並不是很精緻，它帶著點刺鼻的乾草味道，通常需要儲存靜置熟成一段時間以後，它的香味才會圓融，由於小薰衣草精油的揮發性較高，它的香味階是被歸類於頭前香及本體香的範圍。

如果用溶劑去蒸餾薰衣草的花朵及花梗，那麼可以得到薰衣草的凝香體，如果再以酒精萃取，可以得到薰衣草的原精。小薰衣草原精的顏色從黃綠色到深綠色都有。它的黏度較大，有些產品還成半固體狀態。它除了帶有類似於小薰衣草精油所有的花草香味之外，它還帶著點木質的綠葉味道，另外它好像還帶點香豆素，或是香膏的香味，因此這種小薰衣草原精主要是做為基礎香用的。

芳香食物香調

接下來我們要看的是歸屬於芳香食物香調的精油，在英文的書籍裏是寫成 edible essences。這一類的精油是萃取自我們可以食用的食物，譬如說香莢蘭，紅茶，綠茶，干邑白蘭地等。

香莢蘭

喜歡吃冰淇淋的人，很少有不迷上香草冰淇淋的。其實香草也是因為香草冰淇淋而廣被為人知。另外還有一種食品也是因香草的香味而令人愛不釋手，那就是巧克力。香草也被稱之為香草素，從化學結構看，它是一種醛類化合物，所以也叫做香草醛。

香草是萃取自香莢蘭的果實，香莢蘭的學名是 *Vanilla planifolia*，它是屬於蘭科（Orchidaceae）、梵尼蘭屬（*Vanilla*）的植物。它的原產地是在墨西哥及加勒比地區。它是蘭科裏唯一能用於做為食品添加物的植物。它的葉子及所開的花是有點像蝴蝶蘭，它也像蝴蝶蘭一樣需要爬伏在其它的支撐物上生長，它會順著攀附物長的很高。它會開一種很美的花，它的花是雌雄同體，但也許是因為自然演變的結果，在雄蕊與雌蕊之間多長了一層薄膜，這就防止了天然自花授粉的機會，它們必須等到蜜蜂或是蜂鳥來採蜜時才有可能將雄蕊上的花粉傳播到雌蕊上，才有可能結出果實來。雖然它的花苞要生長一、二個月才會開，但是它的開花時間卻很短，通常是早上開花，晚上就謝了，在這短短的一天之內，如果沒有授粉的機會，那花就白開了。

十九世紀初，法國人把香莢蘭這種植物帶到了印度洋的一個小島上繁殖，法國人稱這個小島為 Ile de Bourbon，它就是現今的留尼旺島（Réunion），但是在這個小島上沒有墨西哥的那種蜜蜂及蜂鳥，所以這種植物雖然能在留尼旺島上生長的很好，但就是不結「果」。

這個不能結「果」的原因在西元 1836 年被一位植物學家給診斷出來，那就是生長在留尼旺島上的香莢蘭不能結「果」的原因是因為沒有授粉的機會。而這個不能授粉的問題在 1841 年被一位年僅 12 歲，名叫 Edmond Albius 的小奴隸給解決了。這位小奴隸發明了一種很簡單的人工授粉方法，他用一根小竹籤把蓋在雌蕊上的薄膜撥開，然後把花粉撥到雌蕊上。到現在這種授粉方式仍然被採用著，因此在香莢蘭開花的那一、二個月的花季裏，每天都需要有人到處巡視，看到了全開的花朵，就需要立即的進行人工授粉。

香莢蘭這種植物會順著攀附物長的很高，但是為了授粉作業的方便，通常是當香莢蘭長到快有一個人高的時後，栽植香莢蘭的人就會把香莢蘭生長的前端折彎，讓香莢蘭朝相反的方向生長。當花季快要到的時候，再把香莢蘭生長的前端剪掉，因為當香莢蘭不再長的時候，它才會長出花苞。有的會在一支爬莖上會長出多達一百朵的花，經過人工授粉以後，一朵花會長出一個豆莢，通常有百分之九十的花都會長出豆莢。豆莢會長到 20 到 30 公分長，這些豆莢要經過八、九個月的時間才會成熟。豆莢先會變成棕色，然後再變成黑色，豆莢尖端的部份會裂開，豆莢裏面幾千個如灰塵般大小的黑色種子就會曝露出來，這時整個豆莢都帶有香草的香味，因此香莢蘭又被稱之為香蘭，香子蘭，香草蘭，梵尼蘭。

香莢蘭喜歡生長在炎熱的地區，但它又怕太強的陽光，所以幾乎都是爬伏在一些大樹的樹幹上。它的主要產地包括了墨西哥，中美洲加勒比地區，印度洋上的留尼旺島、馬達加斯加島，以及大溪地這些島嶼上。因為栽培香莢蘭的地區分佈的相當廣泛，因而在不同的地方會採用不同的處理方式讓香莢蘭的豆莢熟成。譬如說在留尼旺島上的香莢蘭花朵經過授粉長出豆莢以後要經過九個月的時間，豆莢的尖端才開始變黃，這時當地人就將豆莢採收下來，先以熱水浸泡，停止豆莢的生命活動，然後在白天的時候將豆莢放置在太陽底下曝曬，晚上再拿草蓆將豆莢包起來，讓豆莢流汗（sweating），這樣的反覆操作幾天以後，豆莢會變成黑色，然後再放置於暗處幾個月，讓豆莢完全的乾燥。接下來再加以篩選，分級後再儲存幾個月，這時豆莢才算熟成，它的表面會出現一些白色的粉末晶體，這些晶體的主要成份就是香草醛。

從香莢蘭的培育，巡視，人工授粉，採收，熟成處理，在在都需要大量的人力及時間，這也就是天然的香草是那麼昂貴的主要原因。

如果將熟成的香莢蘭豆莢浸泡在酒精溶液裏，豆莢裏的香味成份就會慢慢的溶到酒精溶液裏。通常是讓豆莢在酒精溶液裏浸泡個幾天到幾個星期，然後再過濾，拿掉豆莢，剩下的酒精濾液就是所謂的香草酊劑、或是香草萃取液（Vanilla extract or tincture）。這種萃取液的顏色是像琥珀的顏色一樣，是淺黃棕色的。通常這種萃取液需要倒入密閉的桶內，讓它繼續圓熟（mellow），然後才裝瓶出售，這段時間會長達一年，甚至於幾年以上。

如果在真空的環境下，將香草萃取液裏的酒精抽走，剩下的是半固體狀的凝香體，或是原精，這種原精主要是用做為香水的基礎香，它的香味是非常的精緻，豐富，它的香味被描述為是帶著甜味的木質香，或是菸草香，或是香膏的香味，因此幾乎沒有一款高級的香水裏是沒有它的，而且它是調配合成龍涎香的主要成份。現今一般認為留尼旺島所產的香草的品質是最好的，市面上稱之為玻旁香草（Bourbon vanilla）。但因為天然的香草是非常的昂貴，所以市面上有許多的商品是以合成的香草素搭配著合成的香豆素，混充是天然香草萃取液在出售。

干邑白蘭地

除了香水以外，法國還是葡萄酒，白蘭地，以及世界精品流行時尚的中心。也許早在西元前五百年，法國這個地區就已開始釀造葡萄酒了。十六世紀的時候，荷蘭的商人就已將法國所釀造的葡萄酒銷售到北邊的一些國家，像是英國，丹麥，瑞典這些國家。但是他們碰到了一些麻煩，那就是在長途的運送過程中，有些白葡萄酒很容易變質，甚至於腐壞掉，因此為了能確保白葡萄酒的品質，他們就先把白葡萄酒蒸餾過。這種經過蒸餾的酒是非常的烈，因此荷蘭人稱這種酒為 Brande wijn，或是叫成 Burnt wine，意思是可燃燒的酒，這就是白蘭地酒英文名稱 Brandy 的起源。

十七世紀時，法國干邑（Cognac）這個地區的酒莊有些是栽植「優尼布朗」（Ugni Blanc、也可以翻譯為白于尼）這個品種的葡萄，他們也用這種葡萄去釀造白葡萄酒，但是因為當地特殊的石灰質土壤及氣候導致他們所釀出的白葡萄酒的酸度過高，並不為大多數的飲酒人所喜愛。但是他們發現如果將這種白葡萄酒經過二次的蒸餾手續後再儲存於橡木桶裏一段時間，那麼酒的品質及風味會變得非常優美，他們把這種經過二次蒸餾手續後再儲存於橡木桶裏一段時間的酒依當地城市的名稱給命名為 Cognac，中文稱為干邑白蘭地。

在法國釀製白葡萄酒的人很多本身就是種植葡萄的。當白葡萄成熟後，酒莊就會將採收來的白葡萄用擠壓機壓碎，流出的葡萄汁倒入釀酒槽裏，接種過酵母菌後就進行發酵作用，這個過程需要幾個星期的時間，當葡萄裏的糖份都轉換成為酒精後，發酵的作業就算完成了。這時酒裏的一些不溶解的固體物質和死掉的酵母會沉澱到桶底成為像泥狀的酒糟，這種酒糟在英文裏是叫做 wine lees。接下來，酒莊會把上層比較清澈的酒液倒出，留下桶底的酒糟，倒出來的酒液經過二次蒸餾後儲存於橡木桶裏。

而剩下的酒糟裏仍然含有許多芳香的成份，如果用水蒸汽蒸餾，從這些酒糟裏可以蒸餾出帶點綠顏色的淺黃色精油來，這種精油就是所謂的干邑白蘭地精油，它的英文名稱是 Cognac oil。這種精油的味道是在很濃的酒味裏帶著精緻的藥草植物香味。當添加於香水裏時，它會讓香水的香味維持的時間比較久，同時也會讓香味更能表現出來。當用它來調配基礎香時是能與麝香葵，佛手柑，元荽，薰衣草，快樂鼠尾草，白松香，依蘭-依蘭這些精油搭配的很圓融，顯現出一種很清新的果香風味。

茶

茶可能是中國人最熟悉的飲料了，這也可能是因為茶的製作是由中國人發明的有關。現今的許多實驗數據顯示，茶裏的某些成份對身體的健康是有幫助的。

茶是用熱水浸泡烘焙好的茶葉後所得到的湯汁。茶葉是從茶樹上所摘下來的樹葉，不過似乎植物學家對茶樹在分類學上的定位並不是很一致，目前仍然有不少的專家們正在努力的研究著，因此在這裏也只能根據所查到的資料做一點很粗淺的討論。

茶樹是多年生的灌木或是喬木植物。它可以長的很高，但是為了採摘茶葉的方便，所以通常都是修剪到半個人的高度。現今，植物學家大多認為茶樹的學名是 *Camellia sinensis*。它是山茶目（Theales）、山茶科（Theaceae）、山茶屬（*Camellia*）的植物。最初，瑞典植物分類學家林奈（Carl von Linné，英文是寫成 Carl Linnaeus，1707-1778）把茶樹的學名定為 *Thea sinensis*，後來又改為 *Camellia sinensis*。其實林奈所認定的茶樹應該是指生長在中國、韓國及日本的茶樹，這種茶樹是屬灌木的，它比較能耐寒冷的氣候，它的特徵是卵狀的小形葉，因此它的學名可以是 *Camellia sinensis var. sinensis*。

西元 1823 年，英國人羅伯特・普魯士（Robert Bruce）在印度的阿薩密省發現了一種較不耐寒冷，而且較為高大的茶樹，它的葉子比較大。這種茶樹就以阿薩密省這個地名命名為 *Camellia sinensis var. assamica*，後來用這種茶樹所焙製的阿薩姆茶因為英國人的推廣而流行於西方世界。

用於焙製茶葉的主要原料是茶樹上的嫩葉。摘下來的茶樹嫩葉稱之為茶菁，接下來的處理方法及步驟決定了茶葉的種類及品質。剛摘下來的茶菁裏含有許多的水份，因此製作茶葉的第一個步驟就是要讓茶葉乾燥。如果將剛採摘來的茶菁立即的烘炒到乾，那麼這種茶葉沒有經過氧化發酵的過程，因此這種茶葉就是不發酵茶。它保存了茶葉本身所具有的色澤，同時茶葉所散發的是茶葉本身所具有的那種天然的青草香味，屬於這類的不發酵茶是我們常喝的綠茶。

如果摘下的茶菁先放置在較低的溫度下讓水份蒸發，然後再將茶菁烘炒到乾。那麼這類茶葉的處理是經過了氧化發酵的過程，因此所得到的茶葉被稱之為發酵茶。通常將茶菁放置在空氣中，茶菁裏的水份就會慢慢的蒸發掉，這個過程稱之為「萎凋」，在英文裏是稱為 withering。如果將茶菁放置在陽光下曝曬，利用太陽能將茶菁裏的水份蒸發掉，這叫做日光萎凋。也有的是通以熱空氣加速萎凋的過程。

當水份蒸發時，茶菁裏的酵素被活化起來並開始進行發酵作用。這個發酵作用與釀酒的發酵是不一樣的，茶菁的發酵過程並沒有微生物的參與，只是茶菁裏的酵素進行了氧化作用。在發酵的過程裏，茶菁的顏色會從綠色慢慢的轉變為紅色，發酵的時間越久，茶葉的顏色越紅，同時茶葉的香味也會改變。根據資料上的描述，未發酵茶葉的香味是屬於青草香味，如果茶葉微微的發酵，譬如說進行了百分之二十左右的發酵，那麼茶葉會變成帶著花香的香味，如果發酵的程度多一點，譬如說百分之三十左右的發酵，那麼茶葉會變成帶著核果的香味，如果發酵的程度達到了百分之六十左右，那麼茶葉的香味是像成熟的水果香味，如果是完全的發酵，那麼茶葉的香味是像糖果般的味道。

另外發酵的程度決定了茶葉的商品種類。完全不發酵的茶菁是用來焙製綠茶的。如果不喜歡那麼綠的茶，而希望起一點變化，那就讓茶菁微微的發酵，發酵百分之二十的茶菁所烘焙出來的茶葉會泡出綠中帶黃的茶湯，這就是市面上所說的包種茶，凍頂茶等等。發酵百分之三十的茶菁所烘焙出來的茶葉會泡出蜜黃色的茶湯，這就是市面上所說的鐵觀音。發酵百分之六十的茶菁所烘焙出來的茶葉會泡出橘紅色的茶湯，這就是市面上所說的白毫烏龍，而完全發酵的茶菁所烘焙出來的茶葉會泡出紅色的茶湯，這就是紅茶了。

茶菁發酵到一定的程度以後，接下來就是在高溫下破壞茶葉中酵素的活性，也就是停止茶葉裏的氧化作用，這個過程稱之為殺菁。為了使茶葉易於沖泡，有的會將經過殺菁的茶葉再經過一道揉捻的過程，它的目的除了是要利用外力將茶葉揉出所需要的形狀外，更重要的是將茶葉裏的細胞揉破，好讓茶葉裏的成份容易溶入水中。茶葉揉捻成形後，接著就是進行焙火乾燥，讓茶葉的形狀固定，同時也會讓茶葉不易變壞。茶葉經過烘焙以後，香氣會由清香變得比較濃郁。焙火輕、或是未經焙火的茶葉所泡出的茶湯感覺上比較清涼，色澤也比較明亮。相反的，焙火比較重的茶葉所泡出的茶湯感覺上比較溫暖，色澤也較暗。

既然茶葉是有香味的，而且它的香味能讓人著迷，因此很自然的也就有人想從茶葉裏萃取出精油。一般在西方國家裏所常見的茶葉是阿薩姆茶，它是屬於紅茶系列的，這種茶在英文裏是叫做 Black tea，從這種茶葉裏所萃取出的原精是一種很黏的液體，顏色從深棕色到白色的都有，它的味道被描述為是帶點像龍涎香的香味，或是被描述為像菸草的味道，它通常是添加於柑苔香調（Chypre），或是馥奇香調（Fougère）的香水裏。

另外市面上還有一種精油叫做茶樹精油（Tea tree oil），這種精油是用水蒸汽從一種學名為 *Melaleuca alternifolia* 的植物的葉子裏蒸餾出來的精油，這種植物的原產地是澳洲，它是屬於白千層屬（*Melaleuca*）。這種植物與我們所討論的用於焙製茶葉的茶樹是沒有關係的，這一點需要特別留意，不要把馮京當馬涼，買錯東西了。

第十章 植物性本體香精油

與藝術有關的領域，其作品的表現似乎都會牽涉到層次的問題，譬如說畫油彩畫，似乎是先打好了遠距離背景的底，然後再畫上較近距離的景觀，一層一層的拉近，一層一層的塗佈。同樣的，在調配香水時，也有許多的香水是有層次性的，一層香味之上再添加另一層的香味。大部份的調香師在調配一款香水時，最開始的部份是先調配它的基礎香，而打底的基礎香的作用是為了降低香水裏各個成份的揮發性，好讓香水的香氣能維持的更長久一些，另外它也會讓香水裏的成份盡可能的以一定的速度揮發。

然而表現一款香水品味最重要的部份還是在於香水的本體香。就像蓋房屋一樣，雖然地基很重要，但是表現建築藝術美的還是豎立在地上的房子本身。香水本體香的作用是表現整個香水的風味，但是不可諱言的，絕大多數的香水所表現出的風味都是屬於花香系列的。當然這也可能與調配香水最初的目的有關，那就是要調配出一款能忠實的模仿出天然花香的香水，而花香的香氣正是所有香味裏最迷人的部份。

也因為如此，幾乎大多數用於本體香的原精或是精油都是萃取自天然的花朵。然而有些非常精緻的花香是沒有辦法萃取出來的，或是價格昂貴的沒法使用，所以只能以人工的方式合成出香味化合物，然後再以此調配出無法取得的花香。這一類的花香有鈴蘭（Lily of the valley），金銀花（Honeysuckle），紫羅蘭（Violet），小蒼蘭（Fresia），鬱金香（Tulip），梔子花（Gardenia），洋茉莉（Heliotrope，也叫做香水草），紫丁香（Lilac），蘭花（Orchid），百合（Lily）等。也因為這些花的原精或是精油是很難獲得的，因此當一款香水裏含有這些香味成份時，我們大概就能判斷出這款香水不是純由天然精油所調配出來的。

花香的味道是非常精緻的，即使是同一「種」植物的不同變種所開出的花所散發出的香味都會有差異，這種差異有些我們是能夠察覺出的。但是從不同變種開出的花所萃取出的精油的香味差異，很多時候是無法分辨的。然而對香味大師們來說，這種精油間的微小差異卻是很重要的，譬如有的資料描述說，蘇俄的玫瑰花精油的味道比較輕柔，埃及玫瑰花精油的味道比起印度玫瑰花精油來的豐富，土耳其的玫瑰花精油是帶點甜味，摩洛哥的玫瑰花精油讓人感覺是比較亮麗，保加利亞玫瑰花精油的味道是比較圓融。

但是即使是同一個地區所產的玫瑰花，也因為萃取精油方法的差異及設備的良莠，導致精油在香味上有很明顯的差別，因此在價格上也有高低的價差。因為花香的味道是非常的精緻及複雜，因此萃取花香精油的方法也與萃取基礎香精油的方法有所不同，這種差異等討論到各別的花香精油時再加以討論。

本體香的英文名稱有 Middle note，Heart note，或是 Body note，中文的翻譯有體香，中味，中調。而在這裏把它翻譯為本體香，這樣的作法是為了與基礎香及頭前香相對應所採取的措施。

有些書籍採用類似於基礎香分類的方式把本體香的香味也劃分為幾個類別，然後再加以討論。比較常見的分類方式是把本體香的香味歸納為輕盈香調（Light Heart），奇花香調（Precious Floral），迷幻香調（Narcotic Scent），綠意香調（Green Essence），水果香調（Fruit Essence），玫瑰香調（Rose Scent），辛香料香調（Spicy Fragrance）。

輕盈香調

曼蒂・艾佛帖兒在《Essence and Alchemy：A Book of Perfume》這本書裏描述，所謂輕盈香調（Light Heart Note）指的是具有「飄浮性質」的香味（buoyant and airy quality），這類的花香是比較清純的，清新的，或是清淡的，是不濃郁的。屬於這類的花香包括了菩提花，苦橙花，茉莉花，桂花及金合歡。

菩提花

對生長在台灣的學生來說，菩提樹這首歌應該是很熟悉的了，小時後上音樂課時老師會教，音樂比賽時也有許多人唱，那優美的歌詞加上美妙的旋律讓小時的我們總是唱不釋口，尤其是第一段歌詞所描述的情境更是令人嚮往。

井旁邊大門前面有一棵菩提樹；
我曾在樹蔭底下做過甜夢無數。
我曾在樹枝上面刻過寵句無數；
歡樂和苦痛時候常常走近這樹。

後來上了大學，偶然間發現了它的英文版，那時才知道菩提樹的英文名稱是「Linden tree」。

By the well before the gate there stands a linden tree；
I dreamed in its shadow some sweet dreams。
I carved in its bark some words of love；
In joy and sorrow I was ever drawn to it。

然而那時已大了，似乎已失去了小時的歡樂，因此也沒有再唱過它的英文版，後來隔了好久才知道這首歌是十九世紀著名的奧地利音樂家舒伯特（Franz Schubert）的作品。又隔了許久，等到網路興起以後才知道菩提樹這首歌曲的德文原版作詞者是位詩人，但是始終以為當年釋迦牟尼佛就是在與這首歌曲裏相類似的菩提樹下悟道成佛的。

後來看到了臺灣花蓮師範學院張惠珠教授的文章才知道原來「此菩提非彼菩提」，當年釋迦牟尼佛是在一種很像榕樹的畢缽羅樹下靜思的，這種畢缽羅樹與榕樹都是屬於桑科（Moraceae）無花果屬（*Ficus*）的植物。無花果屬裏大約有三百種植物，畢缽羅樹的學名是 *Ficus religiosa*。畢缽羅樹的原產地包括了印度及越南這些相當靠近熱帶的地區，因為釋迦牟尼佛是在這種畢缽羅樹下悟道成佛的，因此畢缽羅樹就被稱之為 Bodhi-druma，中文的翻譯是菩提樹。在印度，畢缽羅樹是一種長的很高的喬木，它的葉子有光澤，形狀是心型的，葉子的尾端比較尖，但是葉片的邊緣是平整的，這些特徵是用以辨識畢缽羅樹的方法。

然而生長在德國的菩提樹嚴格的說應該是叫做椴樹，它是椴樹科（Tiliaceae，台灣的植物學家稱之為田麻科）、椴樹屬（*Tilia*）的植物。椴樹屬裏大約有三十種植物，它們大都生長在靠近北方的溫帶地區。椴樹屬裏的植物長得都很相似，而菩提樹這首歌裏所提到的 Linden tree 的學名是 *Tilia cordata*。椴樹的原產地應該是在歐洲，Linden tree 是美國人叫的叫法，在德國是叫做 Linden baum，而英國人稱這種植物為 Lime。但是在英文裏，一般來說，Lime 是一種果實很像檸檬的植物，中文的翻譯是萊姆，這種萊姆植物的學名是 *Citrus aurantifolia*，所以當我們看到 Lime 這個名稱時要留意它到底指的是什麼。

椴樹屬裏的植物都是落葉植物，一般都長的很高大，有的會長到四十公尺高。在歐洲地區，菩提樹主要是作為觀賞植物，在鄉間許多家庭的門前庭園裏就種著這種菩提樹。它的葉子也是心型的，葉子的尾端也是尖尖的，只是它的葉緣是成細齒狀，而不是平整的。

椴樹屬的菩提樹會開一種帶著點黃顏色的乳白色小花，成串的懸掛著。它的花很香，花裏有許多的花蜜，當盛開時，整棵樹都佈滿了花，因而招來了許多的蜜蜂。歐洲人很喜歡把菩提樹所開的花曬乾了後加到茶裏面喝，這種茶叫做 Tilleul，也有的資料說用曬乾的菩提樹葉所泡出的茶也叫 Tilleul。

利用溶劑可以從菩提樹所開的花裏萃取出它的凝香體及原精，這種原精叫做 Linden blossom absolute。市面上所販售的菩提花原精大多是萃取自學名為 *Tilia europoea* 這種菩提樹所開的花，因為這種菩提樹所開的花特別香，這種菩提花原精是一種淺黃色到紅棕色的黏稠液體，它所散發出的香味被描述為是在菩提花的香味裏帶點蜂蜜的甜味和類似於柑橘的香味。

雖然德國的菩提樹是比較有名氣的，譬如說在德國柏林有一條非常有名的大道叫做「菩提樹下街」（Unter den Linden），那條大道的二旁種植了許多的菩提樹，但是法國及英國所產的菩提花原精的香味卻比較精緻。它通常用於氣質優雅的香水裏，資料上說，1996 年，伊麗莎白雅頓公司（Elizabeth Arden）推出了一款名為「第五街」（5th Avenue）的香水，在這款香水裏就添加有菩提花原精。「第五街」這款香水可說是伊麗莎白雅頓公司的經典香水作品之一。

苦橙花

苦橙花是一種學名為 *Citrus aurantium* 的苦橙樹（bitter orange）所開的白花，這種苦橙樹所結的柳橙的味道很苦，它的原產地可能是在印度，後來被移植到中國、阿拉伯、義大利，然後再從義大利移植到歐洲的其它國家。*Citrus aurantium* 有許多的變種，一般來說苦橙樹所開的花都很香，比甜橙樹所開的花要來的香。

大約在十六世紀的時候，義大利的 Nerola 這個地方有一位王妃叫做 Anne-Marie de la Tremoille，她非常喜歡苦橙花的香味，她把苦橙花灑在洗澡水裏，或是用苦橙花去薰香她的手套，因此後來的人把苦橙花叫成 neroli。苦橙花的香味相當細緻，如果用水蒸汽去蒸餾它所含的精油，那可能會破壞了苦橙花裏的香氣成份，所以一般都是採用水蒸餾的方式（water distillation）去蒸餾苦橙花裏的精油（neroli oil）。這種方式是將水和苦橙花一起放進蒸餾釜裏，然後加熱，讓水蒸汽將苦橙花裏的精油帶出，因為蒸餾釜裏始終有水存在，因此水蒸汽的溫度就可以一直保持在攝氏 100 度左右，這樣一來苦橙花精油裏的香氣成份就不太會被破壞掉。

當苦橙花的精油與水蒸汽一起被收集到冷凝器裏，苦橙花精油與水就分開來了，但是原來在苦橙花裏的香味成份有些仍然很容易溶解在水裏而不會和水分開，因此分離出來的蒸餾水裏仍然含有相當多的香味成份，譬如說它含有相當多的沉香醇（linalool），因此這種蒸餾水也是一種很重要的商品，稱之為橙花水（orange flower water），一般是歸類為香味水（fragrant water），另外一種很重要的香味水是玫瑰花水（rose water），它是用水蒸餾的方式從玫瑰花裏蒸餾分離出來的香味水。橙花水及玫瑰花水常用於調製花露水（toilet water）及化妝水（skin toner）。

用溶劑可以從苦橙花裏萃取出凝香體，如果再用酒精萃取可以得到苦橙花的原精。苦橙花原精的英文名稱是 orange flower absolute，或是叫做 orange blossom absolute。

通常苦橙花精油或是苦橙花原精都是萃取自學名為 *Citrus aurantium var. amara* 這個變種的苦橙樹所開的花，另外利用水蒸汽也可以從這種苦橙樹的樹葉，嫩芽，嫩枝裏蒸餾出一種英文名稱為 Petitgrain 的精油來，一般的中文資料稱這種精油為卑檸油，或是稱它為苦橙葉精油，另外利用擠壓的方式也可以從這種苦橙樹所結的柳橙果皮裏榨出一種英文名稱為 Bitter orange peel oil 的精油來，中文的翻譯為苦橙皮精油。

另外苦橙樹還有一個變種，它的學名是 *Citrus aurantium var. bergamia*，它的中文名稱是佛手柑，至於為什麼會把這個變種的苦橙樹叫成佛手柑呢？有一種說法是說因為它的原產地是印度，所以叫成佛手柑，但這種說法似乎是太過牽強了。從 *Citrus aurantium var. bergamia* 這種佛手柑所結的柳橙果皮裏可以擠壓出精油來，它的英文名稱是 Bergamot oil，中文的名稱是佛手柑精油，佛手柑精油在香水這個領域是非常重要的。

摘取苦橙花是一件非常費工的事，因為必須在風和日麗的日子裏，趁著苦橙花的花苞剛剛綻放的時候就要將苦橙花的花苞摘下，如果摘取的花苞還未綻開，那麼蒸餾出來的苦橙花精油的味道會顯得生澀。如果花開的過久才摘取，那麼因為苦橙花很容易變質，在後續的運輸及儲存過程中花會腐爛。而剛摘下來的苦橙花也必須立即的進行蒸餾的手續，或是立即的浸泡於溶劑裏，否則會讓蒸餾出來的精油，或是所萃取出的原精帶著令人聞起來很不舒服的怪味道。

一般的苦橙花精油是淺黃色的液體，帶有很清新的柳橙花香味。因為它的香味不是很濃郁，所以它的香味很容易的被具有濃郁味道的基礎香所遮蓋，因此使用苦橙花精油時要留意基礎香的選擇及它的添加量。苦橙花精油的香味是比較容易揮發的，所以嚴格的說，苦橙花精油的香味階應該是比較接近於頭前香的味階。另外苦橙花精油擺久了以後顏色會變深，也會變的比較黏稠，所以它是需要儲藏在冰箱裏。

苦橙花原精是一種相當黏稠的深橘色液體，它的香味非常清新，雖然它的花香味很強烈，但也非常的細緻，它賦予香水一種寧靜，清爽，高雅的花香味，通常添加於東方香調，柑苔香調及花香系列的香水裏。

苦橙花精油是調配科隆水（Eau de Cologne）的主要原料，傳統上的科隆水是添加了佛手柑精油（Bergamot oil），苦橙花精油（Neroli oil），甜橙精油（Orange oil），薰衣草精油（Lavender oil）及迷迭香精油（Rosemary oil）。

茉莉花

對西方人來說，如果他們知道一些中國民謠歌曲的話，那麼「茉莉花」這首歌大概是他們所比較熟悉的。不知是否是如此，義大利著名的作曲家普契尼將「茉莉花」這首歌的旋律納入了他所創作的歌劇《杜蘭朵公主》裏。雖然對中國人來說，茉莉花是家喻戶曉的，但是茉莉花卻不是原產於中國的花卉，它是在漢朝時由印度經絲路傳入的，憑著它濃郁卻淡雅的清香，雅緻秀麗的花色，在幅員廣大的中國成為人人喜愛的花卉。

記得小時候，每到夏天的晚上，常會與家人在院子裏聊天。在茫茫的夜色中，看著天上的點點繁星，總會聞到飄來的陣陣馥郁芬芳的茉莉花香味。印象中好像也只有到了夏天的晚上，茉莉花的香味才特別引人注意。過了好久，在網路上看到一則與茉莉花有關的淒美動人的愛情故事，那時才知道有的茉莉花真的只在晚上綻開。話說古時候，在印度有一位美麗的姑娘，她與英俊的太陽神陷入了熱戀，然而好景不長，太陽神移情別戀離棄了她，癡情的姑娘逐漸憔悴而香消玉殞，後來在她的墓上長出了一棵會開白色小花的樹，這些潔白的小花非常畏懼太陽，只在夜晚時分才綻開，當時的人們將這種小白花視為那位美麗姑娘的化身，稱這種小白花為「夜素馨」。

在東南亞地區，茉莉花還被視為是「愛情之花」，年輕人常將茉莉花送給心愛的人以表達愛慕之情，女孩們則將茉莉花插在髮上表示不變的愛。

茉莉花的英文名稱是 jasmine，在西方世界裏有「花之王者」的稱號（King of flowers），它是屬於木犀科（Oleaceae）、茉莉花屬（*Jasminum*，或是稱之為素英屬，或是素馨屬）的植物。茉莉花屬裏的植物種類相當多，大概有二百多種。有些是叢生的，有些是蔓生的。大部份開的是帶有香味的白花，少部份開的是黃花。與香水這個領域關係比較密切的大概有五、六種，而我們只針對其中的二種加以討論。

現今世界上生產茉莉花原精比較多的國家有埃及，印度，中國，摩洛哥等這些國家，另外法國也有生產，只是數量不多。然而在品質上，法國所生產的茉莉花原精可能是世界上最好的，只是市面上所買到的很可能是從其它的國家進口到法國後再當成法國貨轉出口的茉莉花原精。

在法國及埃及所種植的茉莉花主要是學名為 *Jasminum grandiflorum* 的這種茉莉花，這種茉莉花所開的是一種很香的白花。這種茉莉花的原產可能是在印度、或是現今的阿拉伯地區，但是一般卻俗稱它為西班牙茉莉（Spanish Jasmine）、或是皇家茉莉（Royal Jasmine）。這種茉莉花通常是在早上開花，它散發出一種很獨特的香味，那種雅緻，濃郁而又清新的香味令人回味無窮，而它的香味也幾乎是無法完全模仿出來，而且也沒有任何方法能萃取出與它香味完全一樣的原精來。

因為茉莉花的香味太細緻了，所以目前萃取茉莉花原精的方法主要是靠溶劑萃取。利用溶劑萃取的方式可以從採下的茉莉花裏萃取出它的凝香體及原精。但是利用溶劑萃取所得到的原精在品質上及數量上都不如以脂萃法所萃取的好。脂萃法的英文名稱是 enfleurage，這個字原來是個法文字。這種萃取方式是在玻璃盤（glass tray）上塗上一層沒有味道的半固體狀油脂，然後把茉莉花的花瓣撒在上面，這樣的操作可以疊上好幾層，經過一段時間以後，當茉莉花花瓣裏的香味成份都擴散到油脂裏以後，再把花取出來，然後再放入新鮮的茉莉花，這樣連續的操作直到油脂裏所吸收的香味成份達到飽和。這種充滿了茉莉花香的油脂是叫做 pomade，如果查看英漢字典，我們會發現大部份字典對 pomade 的解釋是「髮臘」，但是在香水這個領域，這樣的翻譯並不很恰當，所以我們試著把 pomade 翻譯為「香油膏」。接下來把這種香油膏浸泡在酒精裏，好讓香油膏裏的香味成份溶入酒精裏，然後過濾去除掉不溶解的油脂，過濾後的酒精溶液以減壓蒸餾的方式抽掉酒精後會得到一種黏稠的液體，這種黏稠的液體也叫做原精（absolute），但在英文裏有個特別的名稱叫做 absolute of enfleurage。這種原精是非常的昂貴，通常只用於非常精緻的頂級香水裏，相對的，在頂級香水裏也似乎很少是沒有添加茉莉花原精的。

在亞洲的國家裏，像是在印度及中國所栽種的茉莉花主要是學名為 *Jasminum sambac* 的這種茉莉花。這種茉莉花的原產地是在阿拉伯地區，它的英文名稱就是阿拉伯茉莉花（Arabian jasmine）。它開的是一種有多重花瓣的白色茉莉花，這種茉莉花是在晚上開花的，它所散發出的茉莉花香是更為精緻及淡雅，同樣的也沒有任何方法能完全的萃取出它的香味成份，當然也無法調配出與它香味完全一樣的茉莉花香。這種茉莉花有許多的變種，有的花開的好像玫瑰花一樣，非常美麗。這種茉莉花加在綠茶裏就是我們常喝的茉莉綠茶，也叫做香片。

桂花

小時候，台灣很多地方仍然保留有許多日本式的建築物，每到秋天時節的夜晚，走過日式住宅的圍牆邊，總會聞到從那些庭院裏飄逸出來的陣陣桂花香。香味是那麼的清新，總讓人流連忘返，一次一次深深的呼吸著，似乎是急欲捕捉隱藏在暗夜裏的香味精靈，但更多的是想著家裏的桂花糕。

對中國人來說，大概最有名的香花是茉莉花和桂花了，茉莉花是從印度傳來的，而桂花的原產地是在中國的西南部。雖然桂花的香味聞起來是清香的，但是它的香味卻能飄逸的很遠，古書上描述說它的香味是「清可絕塵，濃能溢遠」，因此在湖南，桂花是叫做九里香。桂花樹又叫做木犀，所以桂花所屬的科名及屬名的中文名稱分別是木犀科及木犀屬。

桂花的學名是 *Osmanthus fragrans*，它是屬於木犀科的植物，木犀科的拉丁文學名是 *Oleaceae*，它的英文俗名是 Olive family，olive 就是我們吃的橄欖，所以桂花樹長的有點像橄欖樹。橄欖樹是一種小喬木，樹葉是兩兩對生的，多半呈橢圓形，或是呈長橢圓形。樹葉的葉面比較光滑，好像塗了一層臘一樣，樹葉的邊緣呈鋸齒狀。

桂花是很香的。木犀屬的屬名 *Osmanthus* 在希臘文裏的意思就是香花。希臘文裏，osme 的意思是芬芳的氣味（odour，fragrance），anthos 的意思是花（flower）。桂花開花時是在一支花梗上簇生著幾朵小小的花，桂花有四個長形的花瓣，花瓣的底端聚攏成像根管子。桂花的顏色有許多種，最常見的是在白色的花瓣裏帶著點黃顏色，這種桂花叫做銀桂，它的學名是 *Osmanthus fragrans var. latifolius*。另外有一種桂花的顏色是偏紅的橘黃色，這種桂花叫做丹桂，它的學名是 *Osmanthus fragrans var. aurantiacus*，丹桂的香味是非常的濃郁。還有一種桂花的顏色是金黃色的，這種桂花叫做金桂，花的香味比較淡，它的學名是 *Osmanthus fragrans var. thunbergii*。還有一種桂花幾乎是整年都在開花，因此這種桂花叫做四季桂，或是叫做月月桂，它的學名是 *Osmanthus fragrans var. semperflorens*，這種桂花花瓣的顏色也是白中帶點黃顏色，只是它的香味比較淡。

利用石油醚之類的溶劑可以從桂花裏萃取出一種淺黃色膏狀的凝香體，如果再用酒精萃取可以得到黏稠的淺黃色液狀原精。一般桂花原精的香味被描述為是在清新而又濃郁的花香裏帶著像杏桃的水果味。市面上所看到的桂花原精大多是萃取自學名為 *Osmanthus fragrans var. thunbergii* 這種金桂所開的花，這是因為金桂所開的花的香味比較精緻，而這種桂花原精的主要產地是在中國。因為桂花原精的價格是非常的昂貴，所以只能添加在非常名貴的頂級香水裏。

金合歡

每到六月驪歌響起，火紅的鳳凰花開滿了校園，隨著夏日蟬鳴的高歌，鳳凰木上掛起了無數彎彎的豆莢，秋風隨著涼意悄悄的逼近，低垂的豆莢蹦出傳承的種子，遍灑走在鳳凰木下的學生，又是一年春風，吹拂了無數少年頭。

懸掛的豆莢是豆科植物共有的特徵，豆科植物約有 18,000 多種，歸類為 650 個屬，它們廣泛的分布在全世界，有很多豆科植物是具有重要經濟價值的，因此如果不把這一科的植物再細分一下，那麼要研究這麼大一個科裏的植物是一件很累人的事。

在植物分類學上，豆科的拉丁文學名是 Fabaceae，但也有的資料是偏向於寫成 Leguminosae。植物學家根據豆科植物開花的花瓣或是花的形狀將豆科裏的植物區分為三個亞科（subfamily），它們是含羞草亞科（Mimosoideae），蘇木亞科（Caesalpinioideae），蝶形花亞科（Papilionoideae），然後於每個亞科下再細分為幾個族（Tribe），再過來才是在族下面細分為屬，屬下再分種。

為什麼我們要討論這些呢？因為在香水這個領域裏，最初的原料全部都是來自於天然的動、植物，雖然現今幾乎已完全被人工合成的化學品所取代，只有在量身訂作及非常名貴的香水裏才會採用萃取自天然動、植物的原精或是精油。但是因為植物學家們在過往的時間裏對某些植物在植物分類學上分類地位的更動，因而導致了某些香味的名稱與實際植物的名稱間有了差異，譬如說 Acacia，Cassie，Mimosa 這些香味就常令人感到困惑，像是 Mimosa 這種香味常被翻譯成含羞草香，然而在香水這個領域裏所說的 Mimosa 香味與含羞草是沒有關係的，為了要釐清它們的源由，所以我們需要討論一下豆科植物的含羞草亞科這一亞科裏的植物和它們的分類方式。

根據雄蕊的特徵，在植物分類學上，植物學家將含羞草亞科裏的植物再區分為五個族，這五個族分別是合金歡族（Acacieae），含羞草族（Mimoseae），球花豆族（Parkieae），印加樹族（Ingeae），及 Mimozygantheae 族。

合金歡族（Acacieae）裏最大的一個屬就是 *Acacia* 屬了，因為植物學家們對這個屬的代表性植物有不同的的看法，因此這個屬的中文名稱就有二種。有些植物學家把學名為 *Acacia confusa* 這種植物當成是 *Acacia* 屬的代表性植物，這種植物就是在台灣常見到的相思樹，英文俗稱它為 Formosa Acacia，因此有些植物學家把 *Acacia* 屬翻譯為相思樹屬。這一屬裏的植物大約有 1300 種，其中大約有 950 種以上植物的原產地是在澳洲，在澳洲稱這一類的植物為 Wattles，中文的翻譯是荊樹，但是在美國稱這一類的植物為 Acacias。

另外有些植物學家把學名為 *Acacia farnesiana* 的這種植物當成是 *Acacia* 屬的代表性植物。這種植物的原產地很可能是在中南美洲的熱帶地區，但現今已移植到全世界各地。早在 1764 年，林奈（Linnaeus）就已經描述過這種植物，只是那時林奈是把它歸屬到含羞草屬，命名為 *Mimosa farnesiana*，後來德國的植物學家卡爾・魯威・威爾德諾（Carl Ludwig Willdenow，1765-1812）將這種植物歸類於 *Acacia* 屬，它的學名才成為 *Acacia farnesiana*。美國人俗稱這種植物為 Sweet acacia，法國人叫這種植物為 Cassie，在中國叫做金合歡，因此有些植物學家把 *Acacia* 屬叫成是金合歡屬。

通常豆科植物所開的花是有五個花瓣，一般金合歡屬裏的植物所開的花都很小，它們的五個花瓣更小，然而它們的雄蕊是又多又長，把花瓣都遮住了，結果變成了好像整個花都是雄蕊。這些雄蕊聚集排列成像是一個絨毛球，非常美麗，它們的顏色主要是黃色的和白色的，也有些是紫色的，或是紅色的。

學名為 *Acacia farnesiana*，而法國人叫做 Cassie 的這種金合歡植物長的並不是很高大，大概可以長到八公尺左右，它的葉子是所謂的羽狀葉，它會開一種像絨毛球狀的黃色花朵，花很香，它的香味近似於紫羅蘭的香味，有的資料描述說它還帶著點橙花的香味。金合歡這種植物在法國南部種植的相當多，當地人叫金合歡所開的花為 Pompons，而一般的資料還是寫成 Cassie blossom，或是寫成 Cassie flower，在澳洲稱之為 Wattle blossom。

現今生產金合歡花原精（Cassie absolute）最主要的國家是法國及澳洲。一般用於萃取金合歡花原精的方式有二種，一種是用溶劑萃取得到它的凝香體，然後再用酒精萃取得到它的原精。另外一種方法則比較費工，它是將金合歡花浸泡在熱的油脂裏，讓金合歡花裏的香味成份擴散到油脂裏，經過一段時間以後再把金合歡花過濾掉，得到的油脂也叫做 Pomade，中文的翻譯為香油膏。這種利用熱油脂浸泡香花以獲取花朵裏香味成份的方法叫做油浸法，它的英文名稱是 maceration。接下來把香油膏浸泡在酒精裏，讓香油膏裏的香味成份溶到酒精裏，然後過濾去除掉不溶解的油脂，剩下的酒精溶液以減壓蒸餾的方式抽掉酒精後就會得到金合歡花原精。

金合歡花原精是一種黃棕色的黏稠液體，它的味道就像金合歡花所散發出的香味，通常是用於調配具有紫羅蘭香味的香水，這是因為它的香味非常近似於紫羅蘭的香味，而紫羅蘭原精的價格太貴，除非是特別訂購，否則也買不到，就是特別訂購也只有世界級的香水大廠才辦得到，所以一般市面上所買到的應該是調配幾種不同花的原精，或是精油，或是合成的香味單體後所得到的香味像紫羅蘭的紫羅蘭香精。

既然 Cassie absolute 指的是金合歡花原精，那麼在香水這個領域裏的「Acacia 香」又指的是什麼呢？其實它指的是豆科植物、蝶形花亞科、洋槐族（Robinieae）、刺槐屬（*Robinia*）裏一種學名為 *Robinia pseudoacacia* 的植物所開的花的香味。這種植物的原產地是在美國的東南部，在美國是叫做 Black locust，在中國是叫做刺槐。大約是在 1601 年，有一位法國植物學家讓・羅賓（Jean Robin）將這種植物移植到法國的皇家花園裏，因此這種植物的屬名就被命名為 *Robinia*。但是不知道什麼原因，這種植物常被誤認為是 Acacia（金合歡），因此它有個俗名是 False Acacia（假的 Acacia），林奈根據這名稱把這種植物的種名給冠上了 *pseudoacacia* 這個字，在拉丁文裏 pseudo 的意思是「假的」。刺槐這種植物長的很快，也能長的很高大，可以做為建材用，因此現今全世界各地都有栽植，在美國及歐洲主要是作為行道樹之用。

刺槐屬裏的植物種類並不是很多，最多可能就只有十幾種。刺槐是一種落葉的植物，每到春天，長出樹葉幾個星期之後，它就會長出些像豌豆般的花苞，然後在五、六月時綻開出像蝴蝶般的白花，有的花瓣會帶點黃顏色，非常美麗。通常是在一枝花莖上成對的開成一串，也許是花太多了，所以常是倒懸的掛著。每到五、六月，花從花莖的底端開始綻開，那時整棵樹都開滿了花，加上刺槐長的很高大，因此開花時的景色是相當壯觀的。

刺槐的花很香，有點像金合歡花的味道，有的資料描述說它的味道好像甜甜的香夾蘭的香味，據說蜜蜂依此花所釀的蜂蜜是世界上品質最好的，這種蜂蜜叫做 Robinia honey，或是叫做 Acacia honey。有的資料提到說利用溶劑萃取的方式，或是利用水蒸氣蒸餾的方式可以從刺槐花裏萃取出原精或是精油，但有關這方面的詳細報導卻是相當的少，因此在香水這個領域裏所提及的「Acacia」很可能是以其它的原精，或是精油，或是合成的香味單體為原料，仿照刺槐花的香味所調配出來的香精。

迷幻香調

接下來我們要看看迷幻香調的香味，它的英文名稱是narcotic essence。所謂迷幻香調指的是那些味道濃郁，帶有催情及情慾挑逗氣質的香味，聞多了這種香味會讓人覺得不舒服，甚至於頭痛。屬於這類的香花有水仙花，夜來香，依蘭-依蘭，另外我們把銀葉合歡花也納入到這個香調裏。

夜來香

高中時，每當唸到國文課本裏，唐朝杜牧所寫的七言詩〈泊秦淮〉：「煙籠寒水月籠沙，夜泊秦淮近酒家，商女不知亡國恨，隔江猶唱後庭花」時，總會聯想到 1940 年代在上海所流行的歌曲，因為我不是生長在那個時代，所以對某些人的感傷總是覺得如隔靴搔癢，起不了什麼共鳴，反而覺得從唱片裏流放出來的音樂是滿好聽的。當時紅及一時的歌星，像是周璇，白光，張露，吳鶯音及李香蘭等號稱是上海灘的五大歌后，老一輩的家人常會放些她們的歌曲，從李香蘭所唱的「夜來香」這首歌曲「那南風吹來清涼，那夜鶯啼聲淒愴，月下的花兒都入夢，只有那夜來香吐露著芬芳，我愛這月色茫茫，也愛這夜鶯歌唱，更愛那花一般的夢，擁抱著夜來香，吻著夜來香，夜來香……」，才知道有種夜裏開的香花。後來搬到台北，無意間逛花市看到真正的夜來香，伏身深聞它所散發的香味，感覺好像是百合、或是像玉蘭花的香味，只是帶著更濃的脂粉味，聞多了反而覺得太香了，似乎讓人有點不舒服。

夜來香這種植物的學名是 *Polianthes tuberosa*，它是晚香玉屬的植物。在以前，晚香玉屬是歸類於石蒜科（Amaryllidaceae），但現今根據分子生物學基因檢測的結果把它歸類到龍舌蘭科（Agavaceae）裏。龍舌蘭科裏大約有二十二個屬，七百多種的植物，它們大多生長在熱帶和亞熱帶地區，有些甚至於生長在乾燥的沙漠裏，像是中美洲的墨西哥，因此夜來香這種植物的原產地是墨西哥就不足為奇了。十五世紀哥倫布帶領的西班牙船隊發現了新大陸之後，西班牙人就把夜來香這種植物的球根帶回到西班牙，然後再從西班牙移植到全世界其它的地方。有的資料說早在西元 1661 年，台灣就已引進了夜來香，經過多年的栽培，目前已是台灣的一種重要花卉，它主要是作為切花之用。

現今世界上栽培夜來香比較多的國家是印度及義大利，除了作為切花之用外，主要還是用來萃取夜來香原精。但是生產夜來香原精最有名的地方還是在法國南部的格拉斯（Grasse），隨著格拉斯所生產的香水，格拉斯的夜來香跟著聞名於世界，似乎想到格拉斯就聯想到它的夜來香。

夜來香又叫做晚香玉，花的底部像一根管子（tube），所以它的英文名稱叫做 tuberose。通常是在二、三月的時候把它的球根種到土裏，然後它會長出像草一般細細長長的葉子，從中會長出花莖。在花莖的頂端長出穗狀的花苞，到了五、六月時的夜晚，穗狀花序底端的花苞開始綻放，然後向上一朵一朵的開。有些花是單瓣的，有些花是雙瓣的，有些花是像玫瑰花一樣的多重瓣。它開的花很香，有人說它是世界上最香的花，它的香味被描述為是在橙花的香味裏帶著椰子和茉莉花的味道，如果是在遠一點的地方聞，它的味道是淡雅的，但是靠近了聞，它的味道又濃郁的讓人迷幻（intoxicating），因此它的香味被認為是具有催情效果的，代表的是情慾的象徵。一般萃取夜來香原精的方式有脂萃法及溶劑萃取法二種，這二種方法所萃取得的原精的香味是有些差異，以脂萃法萃取得的原精在品質上及數量上都比用溶劑法萃取得的原精來的好，當然這二種原精都是非常的昂貴，也只能用於非常昂貴的香水裏，據說在讓・帕圖（Jean Patou）的「愉悅」（Joy）及具有阿拉伯風格的「愛慕」（Amouage）香水裏都有夜來香的蹤影。

依蘭-依蘭

在東南亞一帶有一種被稱之為「窮人茉莉花」（poor man's jasmine）的香水樹，從這種植物所開的花裏可以萃取出一種被稱之為依蘭-依蘭的精油（Ylang-ylang oil）。

依蘭-依蘭這個名稱是根據它的英文名稱 Ylang-ylang 的發音翻譯過來的。香水樹這種植物的學名是 *Cananga odorata var. genuina*，它是木蘭目（Magnoliales）、番荔枝科（Annonaceae）的植物。番荔枝科是木蘭目裏植物種類最多的一科，它包括了 2300 到 2500 種的植物，區分為 120 到 130 個屬。然而依蘭屬（*Cananga*）裏的植物種類到不多，大概只有四種，比較重要的就是能蒸餾出依蘭-依蘭精油的香水樹了。

香水樹的原產地是在東南亞的菲律賓，爪哇，印尼，馬來西亞這些地區。菲律賓當地的土話稱香水樹為 ilang-ilang，它的意思是「花中之花」（flower of flowers），後來這種香水樹被移植到靠近非洲大陸的馬達加斯加（Madagascar）及葛摩（Comoros，或是翻譯為科摩洛）。現今葛摩是世界上生產依蘭-依蘭精油最多的國家，大概占了全世界產量的百分之六十以上，馬達加斯加占百分之二十，留尼旺島（Reunion）有一些，而原來生產依蘭-依蘭精油最有名的菲律賓似乎已沒有任何地位了。

Cananga odorata var. genuina 這種植物也叫做香油樹，它可以長的很高，也許可以長到二、三十公尺高，但是大部份都是讓它長到第三年，長到大約一個人高的時候就把它樹頂的枝芽剪斷，好讓它往旁邊長，一方面是讓它長出更多的樹枝以利花苞的生長，另一方面是讓工人能更方便的摘取它所開的花。有些地方的香水樹是整年都開花，有些地區則是有一定的開花季節。當花苞剛綻開的時候，花的顏色是綠色的，它有五、六片細細長長的花瓣，花瓣上長有許多白色的細毛，這時花是沒有味道的。慢慢的，花的顏色會變成黃色，有的在中心部位還帶點淺紅色，這時花瓣上的細毛會消失，同時花也變的很香，在好幾公尺外都能聞到它所散發出的香味，它的香味被描述為是在類似於茉莉花的香味裏帶著點水仙花的味道，這時香水樹所開的花才算成熟，才能開始摘取，然後用水蒸餾或是用水蒸汽蒸餾的方式從所摘下的花裏蒸餾出淡黃色的依蘭-依蘭精油。

在精油的市場裏，一般是將依蘭-依蘭精油區分成五個等級來出售，最好的等級是超特級（Extra Superior），它是最先被蒸餾出來的精油，但是這個等級的精油幾乎是買不到的，因為它們早就被世界上的香水大廠預訂掉了。接下來的等級是特級、一級、二級、三級（Extra，First，Second and Third grades），它們的分級方式主要是根據精油蒸餾出來的順序，因此各個品牌的依蘭-依蘭精油的品質是有差異的，這是因為蒸餾時間的長短決定了精油的品質及它的分級，而現今對蒸餾時間的長短並沒有訂定一致的標準。如果把特級，一級，二級，三級這些等級的依蘭-依蘭精油混在一起，這種精油叫做完全精油（complete oil）。通常只有超特級及特級的依蘭-依蘭精油才能用於調製香水，其它等級的依蘭-依蘭精油則是用作為肥皂或是洗髮精的香味添加劑。

一般在與依蘭-依蘭精油有關的資料上都記載著依蘭-依蘭精油的味道是很甜美的（sweet pleasant odour），就像香水樹所開的花的味道，它的味道被描述為是在茉莉花的香味裹帶著點水仙花的香味。據說它的香味具有催情的效果，因此在印尼，香水樹所開的花常被灑在新婚夫婦的床上。但並不是所有的人都認同依蘭-依蘭精油的味道，像是著名的芳療專家朱麗婭・勞倫斯（Julia Lawless）說依蘭-依蘭精油的味道並不甜美，反而有些刺鼻（harsh），當然這樣的說法只能當做參考。

在香水這個領域裹，香水樹被稱之為「香奈兒五號香水樹」（The Chanel No 5 perfume tree），因為除了玫瑰花及茉莉花外，依蘭-依蘭精油在香奈兒五號香水裹是一個很重要的成份，而香奈兒五號香水的味道被描述為是與香水樹所開的花的味道很類似。

另外還有一種學名為 *Cananga odorata var. macrophylla* 的香水樹，它是香水樹的一個變種，從這種香水樹所開的花裹也能蒸餾出精油來，只是這種精油的品質比較差，它的香味品質比起第三級的依蘭-依蘭精油要來的遜色些，一般是被稱之為印尼精油（Indonesian oil），或是稱之為卡南加精油（Cananga oil）。

利用溶劑萃取的方式可以從香水樹所開的花裹萃取出依蘭-依蘭凝香體及依蘭-依蘭原精，它的英文名稱是 Ylang-ylang absolute，它的香味比起依蘭-依蘭精油來說是更為精緻及細緻，它主要是用於調製頂級的東方香調及花香調的香水，資料上說「香奈兒五號香水」，伊麗莎白雅頓的「第五街」（5th Avenue），蓮娜麗姿（Nina Ricci）的「比翼雙飛」（L'Air du Temps）及許許多多其它的頂級經典香水裏都添加有依蘭-依蘭原精。

水仙花

每到過舊曆年的時候，不論是為了請供，還是為了討個吉祥，有的家裏會買上盆水仙花，淺淺的水盆裏擺上水仙花的鱗莖，再配上些漂亮的石頭，過不了多久，從水仙花的鱗莖裏冒出些像青蒜般的綠葉，最後在綠葉叢中開出了美麗的水仙花，六片白色的花瓣圍繞著一個像杯子狀的黃色花冠，古人給它取了個名稱，叫做「金盞銀台」，在寂靜的守歲夜晚，聞到水仙花散發出的陣陣迷人香味，更增添幾許年味。

但在希臘神話裏，水仙花卻是伴隨著一個淒美的故事，既然是個故事，那當然就有很多版本了。話說當河神克菲索斯（Cephisus，river god）與仙女萊里奧普（Liriope）生下了一個叫做納爾基索斯（Narcissus）的漂亮孩子後，河神問先知預言家提瑞西阿斯（Tiresias），是否納爾基索斯可以長大成人，預言家說「只要納爾基索斯看不到他自己」，從此所有的鏡子都被移開了。

納爾基索斯慢慢的長大了，終於到了他十六歲的年齡，似乎顯示了先知的預言可能只是一句空話。許多少女都喜歡納爾基索斯，也想得到納爾基索斯的愛情，但是納爾基索斯太驕傲了，他也太冷酷了，他粗暴的對待仙女艾蔻（Echo）所展現的關懷及愛意，他讓艾蔻感到沮喪及憤怒，艾蔻躲藏在樹林裏日漸憔悴，最後只剩下艾蔻的聲音在樹林裏迴盪。

有一天，納爾基索斯感到口渴，他來到了一個水池邊，當他喝水的時候，他看到了他美麗的形象在水中的倒影，納爾基索斯迷戀上了水中的倒影到了無法自拔的地步，水中的倒影只能重覆著納爾基索斯所說的話，水中的倒影沒有辦法像其他的戀人一樣的與他談情說愛，他不顧一切的想以他的手臂去擁抱他自己在水中的倒影，最後納爾基索斯徒勞無功的傷心憔悴而死，當他死時，他仍然注視著水中自己的倒影。

納爾基索斯的姐妹們為她們死去的兄弟難過、傷心，當她們準備著火葬時所用的材堆、火把及擔架時，她們發現納爾基索斯的屍體突然不見了，但是在納爾基索斯原來躺著的地方卻長出了一朵花，一圈白色的花瓣圍繞著花中心的黃色花冠，因為這種花是納爾基索斯變成的，所以這種花也叫做Narcissus，但是在西方國家裏更常稱這種花為 Daffodil，中文的名稱為水仙花。植物分類學上是把這種水仙花歸類到石蒜科（Amaryllidaceae）、水仙花屬（*Narcissus*），但也有的植物學家將水仙花屬歸類於百合科（Liliaceae）裏的石蒜亞科（Amaryllidoideae）。

水仙花屬裏大約有二十幾種植物，但人工培育的雜交種卻有很多，一般的分類方式是根據花冠（corona）及花瓣的顏色及長度來區分。水仙花的原產地分佈的相當廣，可能從地中海附近的區域一直延伸到中國的南部，其中比較著名的有三種，這三種水仙花都可以用溶劑從它們所開的花裏萃取出凝香體及原精來。

第一種水仙花的學名是 *Narcissus jonquilla*，在歐洲地區只有這種水仙花才能稱之為 Jonquilla，其它種的水仙花還是叫做 Narcissus，但是在美國是把所有的水仙花都叫成 Jonquilla。這種水仙花開的是一種黃顏色的花，花很香，如果一個房間裏擺上幾枝這種水仙花就會滿室生香。從這種水仙花裏所萃取出來的原精是比較重要的，當原精剛萃取出來的時候是沒有顏色的，但是一和空氣接觸以後，它的顏色就開始變深，它會變成黃棕色，擺的時間越久，它的顏色也越深。這種原精是以法國生產的最為有名。因為這種原精的價格非常昂貴，所以一般的香水裏是很少使用它的，通常會與茉莉花，苦橙花，依蘭-依蘭這些香味比較輕盈的精油搭配著以增進香水的迷幻情調。據說在最昂貴的「愉悅」（Joy）香水裏就添加有這種水仙花原精，但也因為它的迷幻香味太濃郁了，所以如果聞了太多這種水仙花原精是會造成頭痛的。

第二種水仙花的學名是 *Narcissus poeticus*，這種水仙花在香水之都格拉斯（Grasse）附近種的很多，但也有野生的植株，這種水仙花也是水仙花原精的重要來源。

第三種水仙花的學名是 *Narcissus tazetta*，這種水仙花就是我們過年時所培育的水仙花，但是它的原產地似乎是在中東一帶，據說在開花的季節裏，中東地區，尤其是大馬士革（Damascus）的每個家庭裏都會有這種花，這種水仙花的香味與 *Narcissus jonquilla* 所開的花的香味很類似，所以也有許多的水仙花原精是萃取自這種水仙花。

銀葉合歡

第一次看到標示著 Mimosa absolute 的原精時就覺得很奇怪，當時就在想這難道是含羞草原精嗎？ 查了英漢字典，上面白紙黑字的寫著 mimosa 的意思就是含羞草。

記得小時候，野地裏，學校操場旁的空地裏，到處都有含羞草，沒課時常和同學一起逗著含羞草玩，但是印象中好像不覺得含羞草有什麼香味，難道是外國的月亮比較圓，它們的含羞草也比較香嗎？ 經過翻箱倒篋的胡亂查了一遍，喔！ 原來外國的月亮沒有比較圓，是我們搞錯了對象，是有好幾種不同的植物都叫做 mimosa。

植物分類學上，*Mimosa* 是豆科、含羞草亞科、含羞草族、含羞草屬的屬名，歸類到這一屬裏的植物大約有四百種，其中的代表性植物就是我們所熟悉的含羞草，它的學名是 *Mimosa pudica*，這種含羞草的英文俗名是 mimosa，另外它也被叫做 sleeping grass。

另外還有二種植物的俗名也是 mimosa。植物學家原來是把這二種植物歸類到含羞草屬，但後來又將它們從含羞草屬裏給分割出去。一種是被歸屬到合歡屬（*Albizia*）裏，它的學名是 *Albizia julibrissin*，美國人稱這種植物為 mimosa，在中國是叫做合歡，它的原產地包括了伊朗，中國，韓國及日本。這種植物的學名是根據伊朗當地的土語而命名的。它開的是一種紫顏色的花，花也有香味，到了晚上，這種植物的葉子會閉起來，好像睡覺一樣，日本人稱它為 Nemunoki，意思是睡覺的樹。

另外一種是被歸屬到金合歡屬裏，它的學名是 *Acacia dealbata*。這種植物長的很像金合歡（*Acacia farnesiana*），最高可以長到十公尺高。它開的也是一種像絨毛球狀的黃花，花所散發出的香味很像金合歡花的香味，它的香味被描述為在紫羅蘭香裏帶著點依蘭-依蘭香。它開的花很多，像葡萄一樣，是一串一串的，一枝花枝上差不多會有 20 到 25 朵花，而一枝金合歡的花枝上最多只有 3 朵花。當花盛開時，整棵樹都是花。這種植物的原產地是在澳洲，在澳洲是叫做 Silver wattle。大約是在 1820 到 1839 年之間，這種植物被引進到法國，後來在法國被大量的繁殖，法國人稱這種植物為 mimosa，在中國被稱之為銀葉合歡，或是稱之為銀荊樹，或是稱之為銀栲。

銀葉合歡是在冬天開花的，一直開到春天，據說愈晚開的花愈香。通常是用溶劑從銀葉合歡所開的花裏萃取出凝香體，然後再用酒精萃取，得到一種顏色是介於黃綠色與黃棕色之間的半固體狀原精，這種原精才是所謂的 Mimosa absolute。它的香味被描述為是在鳶尾花的香味裏帶著蜂蜜般的甜味。這種銀葉合歡花原精常搭配著人工調配的鈴蘭香精，或是搭配著茉莉花精油用於調配品質精緻，價格昂貴的頂級香水。

另外有一種中文稱之為銀合歡的植物，它與銀葉合歡是完全不同的植物。銀合歡也是屬於豆科的，在植物分類學上的地位是歸屬於含羞草亞科、含羞草族、銀合歡屬，它的學名是 *Leucaena leucocephala*，它的英文俗名有 White popinac，Lead tree 等。銀合歡開的是一種絨毛球狀的白花，到目前為止，似乎銀合歡這種植物在香水界裏是沒有太大價值的。

奇花香調

曼蒂・艾佛帖兒（Mandy Aftel）在她所編寫的「香水的感官之旅—鑑賞與深度運用」《Essence and Alchemy：A Book of Perfume》這本書裏把一些花的香味描述為是有深度的、和諧的，香味的品質是溫和的、多層次的，而這些花的原精是很昂貴的，她把這一類的花香歸類為 Precious Floral，她列舉的這一類香花包括了波羅尼花、玉蘭花、苦澄花。但我們覺得，幾乎能列入到本體香裏的花都具備有這樣的性質，因此把一些對我們來說不是那麼常見的花所散發出的香味給歸類到奇花香調裏也許是一件可供參考的選擇，當然這只是做為討論方便用的，而不真正代表它們的香味類別。根據這個原則，我們把波羅尼花，玉蘭花，木蘭花，緬梔，康乃馨，鳶尾及露兜花都歸類到奇花香調裏。原本曼蒂・艾佛帖兒是把木蘭花的香味列入到輕盈香調裏，但為了能將木蘭花與玉蘭花做一個聯接，所以在這裏我們將木蘭花併在奇花香調裏一起討論。

玉蘭花

在台灣，許多廟宇的前面，或是在傳統市場裏，或是在十字路口等紅燈的時後，總是會看到老婆婆或是小女孩手上拿著一串串的白色香花到處兜售，那種濃郁撲鼻的清香總是令人不忍釋手，總是拿著聞來聞去的，這種花就是玉蘭花，因為花的顏色是白的，所以也叫做白玉蘭，它的學名是 *Michelia alba*，alba 是個拉丁文，它的意思是白色。

另外還有一種玉蘭花的顏色是黃色的，它的名字是黃玉蘭，它的香味不如白玉蘭，但在西方國家裏的知名度比較高，黃玉蘭的學名是 *Michelia champaca*。在植物分類學裏，玉蘭花是歸屬於木蘭科（Magnoliaceae）、含笑花屬（*Michelia*）。含笑花屬的代表性植物是含笑花，它的學名是 *Michelia figo*。

通常木蘭科裏的植物都會開很大很美的花，它們所開的花是像蓮花一樣，是有層次的，但是含笑花屬裏的植物所開的花就比較小了。大部份含笑花屬植物開的花都很香。這一屬裏的植物大約有 50 種，它們的原產地是在亞洲的熱帶或是亞熱帶地區，例如印度，中國以及爪哇等地。它們大多是喬木，也就是說它們會長的很高大。雖然它們也是好的木料，但主要的還是作為庭園、廟宇裏的觀賞植物。因為它們的花很香，所以花可以用來做為香水材料，亞洲地區的婦女常拿它們的花作為裝飾用，像是別在頭髮上，或是別在衣服上。

利用水蒸氣蒸餾的方式可以獲得玉蘭花的精油，但是更精緻的原精則是先用溶劑萃取得到凝香體，然後再用酒精萃取得到它們的原精，近年來還有用二氧化碳去萃取凝香體及原精的，似乎這種原精的香味是更為精緻。

一般的玉蘭花原精是萃取自學名為 *Michelia champaca* 這種黃玉蘭所開的花，所以玉蘭花原精的英文名稱是 Champaca absolute，它是帶著點棕色的橘黃色液體。黃玉蘭花的香味被描述為是在類似於橙花及依蘭-依蘭的香味裏帶著點茶葉的香味，而黃玉蘭原精的香味被描述為在類似於橙花，依蘭-依蘭，康乃馨的花香外，還帶著點茶葉及青草的香味。一般玉蘭花原精是與有著豐富但不搶眼的基礎香搭配著使用的，譬如說它與檀香就是絕佳的組合。

1930 年，法國的讓・帕圖公司（Jean Patou）推出了一款當時是世界上最昂貴的香水「愉悅」（Joy）。「愉悅」這款香水是由著名的香水師亨利・阿麥勒斯（Henry Alméras）所調配的，這款香水是以玫瑰花及茉莉花為它本體香的主幹，但它還大量的添加了玉蘭花原精，因此有的資料稱玉蘭花是「愉悅香水樹」（Joy perfume tree），就像依蘭-依蘭被稱之為「香奈兒五號香水樹」（Chanel No 5 perfume tree）。

另外用水蒸氣蒸餾的方式可以從黃玉蘭的樹葉裏蒸餾出一種精油，這種精油的名稱是黃玉蘭葉精油（Champaca leaf oil），這種精油也可以用在香水裏，它的味道被描述為是像羅勒（Basil），羅勒就是我們所熟悉的九層塔。

木蘭花

木蘭屬、含笑花屬及木蓮屬是木蘭科裏比較重要的三個屬，有些木蘭屬植物所開的花，或是樹葉，或是樹皮也是有香味的，而且也可以從這些部位萃取出精油來，或是萃取出原精。

木蘭屬的學名是 *Magnolia*，這是為了尊崇十七世紀法國植物學家皮耶・瑪諾（Pierre Magnol，1638-1715）而取的名稱。木蘭屬裏的植物大概有二百多種，它們的原產地分佈的很廣，但大部份是在溫帶地區，像是中國，日本，美國等地。傳統中國文化或是中國古籍裏所說的玉蘭、木蘭指的應該是 *Magnolia* 這一屬裏的植物。因為早期對植物的命名及分類並不是那麼的明確，常有一名二物或是同名不同物的情況發生。在台灣，木蘭是很少見的，常見到的是白玉蘭，但是在台灣所說的白玉蘭與在大陸所說的白玉蘭是二種不同屬的植物，在台灣所說的白玉蘭是含笑花屬裏學名為 *Michelia alba* 的植物，而在大陸所說的白玉蘭是木蘭屬裏學名為 *Magnolia denudata* 的植物，這種植物的原產地是中國。

木蘭屬的植物有許多是落葉植物，到了冬天，所有的葉子都掉光了，只剩下光禿禿的樹枝，接近晚冬時，光禿禿樹枝的頂端開始冒出花苞，到了春天，整棵樹開滿了花，花又多又大，但沒有一片葉子，景象真是壯觀，過不了一個星期，所有的花都謝了，這時才開始有嫩芽長出來。

如果我們只在意於與香水有關的木蘭屬植物，那麼我們只須要看看洋玉蘭這種植物就可以了。洋玉蘭的學名是 *Magnolia grandiflora*，學名裏的 grandiflora 代表的意思是很大的花，這是因為它所開的花的花徑會大到二十公分以上，像一朵荷花那麼大，所以它也叫做荷花玉蘭。它的原產地是美國，有的植株會長到四十公尺高，在美國它是做為行道樹和庭園觀賞植物。

洋玉蘭是常綠植物，它所開的白花散發出的香味非常濃郁，它的香味被描述為是在依蘭-依蘭與百合（Lily）的混合香味裏帶著點丁香及檸檬的味道，通常利用溶劑可以萃取得洋玉蘭花的凝香體，它的顏色是帶點綠的黃顏色，如果用酒精萃取可以得到它的原精，它的顏色是淺黃色的，利用水蒸氣蒸餾的方式可以得到一種半固體狀的洋玉蘭花精油，它的味道和洋玉蘭花的凝香體或是洋玉蘭花原精的味道都很類似。

波羅尼花

在澳洲有一類的植物，它們的屬名是 *Boronia*，有的中文資料把這個屬名翻譯為波羅尼花屬。這一屬的植物是屬於雲香科（Rutaceae），雲香科裏最重要的植物要算是柑橘屬的植物了，所以雲香科的英文俗名是 Citrus family。

波羅尼花屬的屬名 *Boronia* 是根據十八世紀義大利植物學家弗朗切斯科・波羅尼（Francesco Borone）的名字而命名的。波羅尼花屬裏大約有 95 種植物，它們幾乎全部是以澳洲為原產地。這一屬裏的植物開的是像鈴鐺一樣的花，它們的顏色有白色的，紫色的，棕色的，黃色的，綠色的和紅色的。它們所開的花都很香，就是它們的葉子也有香味。其中以一種原來生長在澳洲西南部野地裏的波羅尼花所開的花最香，這種植物的學名是 *Boronia megastigma*，花的香味被描述為是在濃郁的檸檬味道裏帶著玫瑰花的香味，也有的資料描述說它的香味是混合了桂花與小蒼蘭的香味，也有的資料說它的香味像橙花，或是像紫羅蘭。這種波羅尼花有許多的變種，花的顏色也不一樣，最普通的一種開的是像巧克力一樣顏色的棕色花，它的英文俗名是 Brown Boronia。

利用石油醚，己烷這類的有機溶劑可以從波羅尼花裏萃取出凝香體，再用酒精萃取可以得到波羅尼花原精（Boronia absolute）。它是一種黏稠的深綠色液體，它的味道被描述為是在水果香裏帶著茶香及小蒼蘭的香味，這種香味有一部份是來自於它所含的貝它紫羅蘭酮。

因為波羅尼花原精的需求愈來愈大，所以近年來，澳洲東南角的塔斯馬尼亞島（Tasmania）已有人工栽培的波羅尼花。從人工栽培的波羅尼花裏所萃取出的原精是清澈的橘黃色，它的味道非常接近波羅尼花本身的香味，這種萃取自人工栽培的波羅尼花原精的香味被描述為是在紫羅蘭及杏桃的香味裏帶著小蒼蘭的香味，它的香味是非常細緻的，當然它的價格也非常昂貴。這種塔斯馬尼亞波羅尼花原精（Tasmania Boronia Absolute）與快樂鼠尾草，佛手柑，檀香及雲木香都能搭配的很好。

緬梔花

以前看電影，如果看到與夏威夷有關的場景總是會看到穿著草裙的女孩為觀光客帶上花環，但是自己到了夏威夷，似乎是只有自己買個花環帶上，然後照個相，所以真的是相見不如想念。不過編織花環所用的花到是很有名堂，據說是用蘭花及緬梔花編成的。對我們來說，蘭花是很平常的，但緬梔花則比較少聽過。其實緬梔花有個更通俗的名稱叫做雞蛋花，因為有一種緬梔花的顏色是白色的，它的中央部份是黃色的，好像雞蛋的蛋白與蛋黃的顏色，所以叫它為雞蛋花，因而這種花的中文屬名也聯帶的被叫成為雞蛋花屬。雞蛋花屬的拉丁文屬名 *Plumeria* 是為了紀念十七世紀法國植物學家查爾斯・帕魯密爾（Charles Plumier）所給取的名稱。

大多數緬梔的原產地是在中美洲及中南美洲一帶，哥倫比亞發現新大陸以後，法國人來到了西印度群島，他們把生長在西印度群島上的這一類香花給叫成 Frangipani，中文的名稱是緬梔，它們是屬於夾竹桃科（Apocynaceae）的植物。

雞蛋花屬裏的植物有的會長的很高，有的可以長到八、九公尺高，不過大部份只長到一個人的高度，但也有的長的很矮。它們所開的花是有五個花瓣，彼此排列成像小孩玩的紙風車一樣的螺旋狀，一片疊在另外一片的花瓣上，非常美麗。原本這一屬裏的植物是不多的，大概只有七、八種，不同種間的主要差異是在它們葉子的形狀，但是經由人工培育出來的雜交種到是很多，可能有幾百種，因此要能很正確的辨識出這一屬裏的植物到底是屬於哪一種是有點困難的。雞蛋花屬裏比較重要的「種」有三個，它們的學名分別是 *Plumeria rubra*，*Plumeria alba* 及 *Plumeria obtusa*。

學名為 *Plumeria rubra* 這種緬梔的原產地是在中美洲處於亞熱帶地區的墨西哥及委內瑞拉，這種緬梔所開的花從黃色到粉紅色的都有，它的拉丁文學名裏的 rubra 的意思就是紅色，在英文裏，一般稱這種緬梔為 Common Frangipani，或是叫做 Red Frangipani，中文稱它為紅花緬梔。

學名為 *Plumeria obtusa* 這種緬梔所開的是一種帶著白邊的鵝黃色花，南洋一帶的習俗常將這種緬梔種植於墓園裏，所以它有個很奇怪的俗名叫做新加坡墓園花（Singapore graveyard flower），然而它的原產地卻是在中南美洲的哥倫比亞。

學名為 *Plumeria alba* 這種緬梔的原產地是加勒比海的西印度群島，這種緬梔的葉子比較細長，它開的花是白色的，或是乳白色的，但是花的中心部份是鵝黃色的，它的英文俗名是

White Frangipani，中文稱它為白花緬梔。據說這種緬梔花所散發出的香味能讓人的心靈沉澱，因此在印度的許多廟宇裏都種有這種白花緬梔，所以它的俗名是廟宇樹、或是廟宇花（Temple tree or Temple flower）。

大部份的緬梔花都有香味，其中以白花緬梔開的花最香，香味也比較細緻。一般是用溶劑先萃取出凝香體後再用酒精萃取出原精，它是像蜂蜜一樣黏稠的淺黃棕色香膏。不論是白花緬梔或是紅花緬梔原精的味道都被描述為像帶著甜味的茉莉花香，因此緬梔花也被叫做西印度茉莉花（West Indian Jasmine）。另外有的資料說緬梔花原精的味道是像苦橙花和梔子花的混合香味。

威廉・普謝爾在他所編寫的《Perfumes, Cosmetics & Soaps》書裏對十九世紀歐洲非常流行的一種名叫 Frangipani 的香水的名稱有著很詳細的說明。這個名稱起源於 Frangipani 這個家族，這個家族最早是在教會裏擔任聖餐服侍的工作，聖餐裏的剝餅儀式的拉丁文是 frango（剝開，to break）及 panio（餅，the bread），因為這個原因，Frangipani 成為這個家族姓氏的起源。

十七世紀時，這個家族裏有個名叫馬奎斯・佛朗吉帕尼（Marquis Frangipani）的，他發明了一種用香料及香花去薰香女士手套的方法，這種薰香的手套叫做 Frangipani gloves，接著他的孫子將所用的香料及香花浸泡在酒精裏後配出一種香水，這種香水就叫做 Frangipani。現今市面上名為 Frangipani 的香水所使用的香花是有許多不同的組合，但基本上是以茉莉花的香味為主，早期這種茉莉花的香味來自於白花緬梔所開的花。

康乃馨

每到五月時的母親節，許多人都會在胸襟前別上一朵康乃馨，自古以來，在西方社會裏，康乃馨就被視為是一種高貴的花，它象徵著是神的花朵。康乃馨的拉丁文學名是 *Dianthus caryophyllus*，Dianthus 這個字是源自於希臘文裏的 dios 及 anthos 這二個字，dios 的原意是神，anthos 的原意是花。中文裏是把 *Dianthus* 這個屬名給命名為石竹屬，它是屬於石竹科的，石竹科的拉丁文名稱是 Caryophyllaceae。

康乃馨的原產地應該是在亞洲與歐洲交會的地中海地區。它是一年生、或是多年生的草本花卉。植株大約有五十到八十公分高。莖部還算堅硬，莖上有節。葉片是對生的，呈長披針形，葉尖常常會下垂，綠色葉片裏帶著銀白的顏色。在葉叢中長出長長的花莖，康乃馨的花就開在花莖的頂端，花瓣多皺折。原始種的康乃馨開的是紫顏色的花，但是經過長久歲月的人工栽培，現在康乃馨的花色是多采多姿，有白的，有紅的，有綠的，有粉紅的，有黃的，色彩非常豐富，顏色也很鮮明，許多都帶有優雅的香味。

就像玫瑰花的顏色一樣，康乃馨的顏色也隱含著不同的意義。譬如說，深紅色代表的是誠摯的愛情和親情，白色代表的是純真的愛情、或是祝福好的運氣，紫色代表的是變化無常，綠色的康乃馨則隱含著同性間的戀情，粉紅色的康乃馨代表著一位母親永恆的愛，因為傳說當聖母瑪麗亞看到耶穌背著十字架困苦的走著的時候，在聖母瑪麗亞眼淚滴下的地方長出了一朵粉紅色的康乃馨。

利用溶劑萃取的方式可以獲得康乃馨的凝香體及原精，康乃馨原精的顏色是在黃棕色裏帶著點綠色，它是一種像果凍般的固體，它的香味被描述為是在濃郁的花香裏帶點辛辣的味道，或是帶點像蜂蜜般的甜味，也有的資料描述說康乃馨原精的香味是在丁香的香味上混合著黑胡椒與依蘭-依蘭的香味。因為康乃馨原精是非常的昂貴，所以通常也只能用於價格高昂，香味精緻的頂級香水裏，像是嬌蘭（Guerlain）公司的「藍色時光」（L'Heure Bleue），蓮娜麗姿（Nina Ricci）的「比翼雙飛」（L'Air du Temps）。

以前法國及荷蘭是生產康乃馨原精最多的國家，但現在可能以埃及生產的較多。因為康乃馨原精的價格非常昂貴，所以市面上有許多康乃馨原精的仿冒品，這些仿冒品大多是用丁香精油混合黑胡椒與依蘭-依蘭精油調合出來的，這些仿冒品的香味與康乃馨原精的香味非常類似。

鳶尾

唸中學的時候，學校就座落在海邊的小丘上。沒事時常喜歡搬把椅子坐在靠海的走廊上看著閃躲著岩礁進出港口的小魚船。每到雨後放晴的時刻，總是會看到一抹圓弧的彩虹從天際的雲端畫入洶湧的海浪裏。古老的傳說總是虛構著這抹彩虹的緣由，希臘神話幻想著連接海神與雲神的是祂們的女兒愛麗斯（Iris），一位背負著彩虹羽翼的天使，傳達著眾神間的音訊。西洋人的老祖先看到地上的鳶尾綻放著色彩繽紛的鳶尾花，爭奇鬥艷如同天上的彩虹，因此就把鳶尾花命名為 Iris。

Iris 也是鳶尾科（Iridaceae）裏的鳶尾屬的屬名，歸類到這一屬的植物大約有三百種，鳶尾就是這一屬的代表性植物。它的原產地是歐洲的南部及地中海附近的地區，而主要的栽培地區也是在歐洲南部的一些國家，像是西班牙，希臘，義大利，摩洛哥等。網路上的資料說中文的名稱－鳶尾是因為這種植物所開的花的花瓣很像鳶鳥的尾巴。

鳶尾屬裏的植物大多是多年生的草本植物，地上莖長的很像茅草，葉子長長的像劍一樣，植株不高，大約三十到五十公分高，初春時開花，鳶尾花的顏色是各式各樣，花型也相當美麗，許多還帶有點香味，花莖長在葉叢中，鳶尾花長在花莖的頂端，最常見的是開藍紫色的花。

在希臘，鳶尾是春天裏最早開花的植物，可以一直開到五、六月，它耀眼的顏色總是讓流浪者感到振奮。希臘人常在墓地裏種植鳶尾，或是在墓碑上刻上鳶尾花，希望死後的靈魂能託付愛麗斯帶回天國。有的資料說以色列人喜歡在墓地裏種植黃色的鳶尾花，因為他們認為黃色的鳶尾花是黃金的象徵，今世雖然窮困，但盼來世能夠富有。另外歐洲許多國家的王室把鳶尾花當成是權勢及王位的象徵，因此鳶尾花常做為王室徽章上的標幟。

雖然有的鳶尾花是有香味的，但是在香水這個領域裏所用的精油不是從鳶尾花提煉出來的，而是從它的根莖（rhizome）裏提煉出來的。通常栽種鳶尾要等到第三年才能開始採收它的根莖。等到鳶尾花謝了以後，把鳶尾的根莖挖出來，把它的外殼及虛根清除掉，洗乾淨，然後儲存起來。新挖出來的鳶尾根莖是沒有味道的，但是擺上一陣子，經過自然的乾燥，鳶尾根莖所具有的那種獨特的、類似於紫羅蘭的香味才會顯現，通常要擺個五年，它的香味才算成熟，這時才拿去研磨成粉，這種粉狀的鳶尾根莖叫做 Orris root，或是就叫做 Orris，然後用水蒸汽把粉狀鳶尾根莖裏的精油蒸餾出來，在蒸餾的過程裏，鳶尾根莖裏的肉豆蔻酸（myristic acid）也會跟著一起蒸餾出來，肉豆蔻酸所占的比例很高，大約有百分之八十，而肉豆蔻酸是沒有味道的固體，所以當蒸餾出來的精油冷卻以後呈現的是一種淺黃色像牛油一樣的東西，這種東西叫做 Orris Butter，在香水這個領域，通常就是直接用這種鳶尾精油香膏去調配香水。因為栽種鳶尾及處理鳶尾根莖是一件耗費許多人力及時間的工作，所以鳶尾精油香膏的價格是貴的嚇人，有的資料說一公斤的鳶尾精油香膏要價是五萬歐元，因此也只有非常昂貴的香水才用的起這種鳶尾精油香膏。

鳶尾屬裏的植物大約有三百種，但是只有三種是比較重要的，這三種鳶尾的學名是 *Iris florentina*，*Iris pallida*，*Iris germanica*。它們所開的花都很美麗，但許多人認為 *Iris germanica* 這種德國鳶尾所開的花最漂亮。德國鳶尾花是有六片花瓣，其中三片是直立的，三片是彎曲成下垂的姿勢。德國鳶尾花很好聞，帶點像橙花的香味，很早以前這種德國鳶尾的根莖就被加在杜松子酒裏做為芳香劑，現今以義大利栽培的最多。但是香味最為精緻的鳶尾精油香膏是提煉自 *Iris florentina* 這種鳶尾的根莖，目前也是以義大利生產的最多。

露兜花

據說還只是在不久的以前，在台灣全島的海邊都還能看到許多長的很像棕櫚樹的植物，這種植物在台灣是叫做林投，它大概可以長到三、四公尺高，但是它的樹幹是彎的，有的甚至是歪七扭八的長著，樹幹上有許多環狀的葉痕，靠近土地的部份連著許多粗大的根，這種根有一部份露在空氣中，叫做氣生根，這些氣生根可以穩穩的撐著整個林投樹。

林投樹常常是一長就是一大片，像個叢林一樣。它是很好的防風及定沙的植物。林投的葉子長在樹幹的頂端，長長的，可能有 100 到 150 公分長，3 到 5 公分寬。葉子的邊緣有刺，帶著點香味。根據國立自然博物館楊宗愈先生發表的文章報導，林投是雌雄異株的植物，也就是說林投樹是有公的樹和母的樹，花是開在枝條的頂端，植物學上稱它們所開的花是頂生的肉穗花序，花序最外面是白色或是乳白色的苞片，這種苞片也叫做佛焰苞（spathe），肉質的花軸及長在上面的許多小花被苞片包著，整個花序長長的，看起來像火焰一般，這種花序也叫做佛焰花序（spadix）。通常佛焰花序的花都是極度的退化，雄花只剩下花絲及花藥，雌花只有雌蕊。林投的雄花穗往往是下垂的，很香，有的資料描述說它的香味很像玫瑰，或是像依蘭-依蘭，或是像帶著像蜂蜜般甜味的風信子香味。雌花穗則是直立的，即使授粉後也還是直立的，不過它的顏色會從乳白色轉變成橄欖綠的顏色。它所結的果實很像鳳梨，成熟後是紅橙色的，所以林投也叫做野菠蘿，或是叫做海邊的樹生鳳梨。

林投的學名是 *Pandanus odoratissimus*，它是屬於露兜樹科（Pandanaceae）、露兜樹屬的植物，在台灣以外地區的中文名稱是露兜樹。它是一種多年生的常綠性大型灌木，它的原產地是在印度、太平洋和印度洋熱帶地區的海岸及周圍的島嶼。露兜樹屬的學名 *Pandanus* 是源自於馬來西亞語的 panadan，它的原意是芳香的。露兜樹的果實被一層厚厚的纖維肉包裹著，果實可以浮在海面上。因為纖維肉很厚，能防止海水直接接觸到種子，這種奇妙的結構讓露兜樹的果實可以隨著海洋飄流，一個島嶼又一個島嶼的傳播，所以在熱帶地方的海邊都可以看到這種植物。

露兜樹屬裏大約有六百多種的植物，它們長的都有點像棕櫚樹，它們的葉子是成螺旋狀的排列聚生在枝條的頂端，所以這類植物的英文俗名是 screw pine，或是 screw palm。葉片可以用來搭屋頂，編簍筐和編織衣服。果實及莖頂的嫩芽可以吃，在太平洋和印度洋附近的一些國家和島嶼上，露兜樹是很重要的植物。

現今世界上露兜樹生長最多的地區應該是在印度東部的奧利沙邦（Orissa）。在印度，露兜樹有野生的，也有栽培的，主要的目的是為了萃取雄露兜花裏的精油。在印度，露兜花叫做 kewda flower，或是叫做 keora flower，所以露兜花精油也叫做 kewda oil，或是叫做 kewda attar。因為露兜樹生長的地方都相當偏僻，交通不是很方便，所以一般蒸餾露兜花精油都是採用相當簡單的水蒸餾方式，而且蒸餾設備是可以隨處移動的。因為露兜花精油裏的香味成份有些很容易溶在水裏，因此隨著露兜花精油一起冷凝下來的蒸餾水裏還是含有許多香味成份，這種露兜花水叫做 kewda water，或是叫做 pandanus flower water，在印度，這種露兜花水比露兜花精油還要重要，因為它是印度食物裏一種很常用的調味香料，印度人常在飯上灑些露兜花水，這種作法就好像中東地方的人喜歡在飯上灑些玫瑰花水一樣。

露兜花精油的味道被描述為是在紫丁香，蜂蜜，依蘭-依蘭的香味裏帶著點風信子（hyacinth）及夜來香的味道，當調配紫丁香，玫瑰花及鈴蘭這類花香調的香水時可以加入少許的露兜花精油以增添青草及綠葉的風味（green note）。在印度，蒸餾露兜花精油時常會混上一些檀香，所以有的資料說露兜花精油是屬於東方香調的，在印度，用這種露兜花精油所調配出的香水是很受歡迎的。

另外用溶劑也可以從雄露兜花裏萃取出凝香體及原精，露兜花原精的味道和露兜花精油的味道是有點差異，它的味道被描述為是在類似於風信子的香味裏帶著蜂蜜般的甜味，有的資料說它是植物精油裏的麝香，它能與佛手柑，快樂鼠尾草，白松香，依蘭-依蘭這些原精或是精油搭配著用於調配水仙花，玫瑰，依蘭-依蘭，紫丁香，金銀花（honeysuckle），鈴蘭，風信子，這類的香水。

玫瑰香調

在所有的香花裏，玫瑰花的香味是非常獨特的，它的香味被描述為是深厚的，迷人的，明亮的，因此在頂級的香水裏，玫瑰花的香味是不可缺少的。除了玫瑰花以外，有些植物的葉子的味道與玫瑰花的香味是很接近的，因此它們的精油常被用來作為玫瑰花香味的代用品，或是說的明白點就是作為玫瑰花香味的仿冒品，但是它們的香味也有其獨特的一面，所以也可以單獨的添加在香水裏，作為香水的一個組成成份。

玫瑰

唸大學時，有一天無意間騎著腳踏車經過一家民宅，那家的庭園裏種了一棵黃玫瑰，一朵盛開的黃玫瑰孤芳自賞的傲立在枝頭，千層花瓣堆砌在朝陽下，花瓣上金黃色的露珠隨著微風滾動著，當時看呆了，沒想到世上竟有如此美的花，自此以後對黃玫瑰就情有獨鍾，以為它代表了世上最美的事務。多年以後認識了一位女孩，第一次到她家時還特地的到花店買了束黃玫瑰，沒想到她接過那束黃玫瑰花後就把它給甩到門外去，當時一陣錯愕，也不知道什麼地方出了差錯，結果那段友誼成了逝去的回憶，過了好久才知道原來黃玫瑰所代表的是逝去的愛情。

印象中總以為歐美人士是最喜歡玫瑰花的，但是讀了許多有關玫瑰花的資料後才知道是回教徒，尤其是伊朗人才是如癡如醉的喜愛著玫瑰花。這種印象上的誤解可能是由於歐美人士在培育玫瑰花上所獲得的成績太過傲人，因此遮掩了其它的關愛。

玫瑰花可能是人類最早栽培的一種花卉了，至今已有多達上萬的品種，在悠久的歲月裏，到底那些才是玫瑰花的原始「種」已經無法追溯考證了，但是植物學家們認為中亞地區，像是伊朗、高加索山區這一帶可能是玫瑰花的起源地。玫瑰花是屬於薔薇科、薔薇屬的植物，薔薇屬的屬名是 *Rosa*，這個名稱的起源可能是來自於中亞地區一種已消失的語言，那種語言轉換成希臘語的 rhodon，再轉變成為拉丁文裏的 rosa。

除了少數的玫瑰花之外，現今世界上大多數的玫瑰花可能都與一種學名為 *Rosa gallica* 的紅玫瑰有關，這種紅玫瑰的原產地可能就在高加索山區一帶。在香水這個領域裏有一種非常重要的玫瑰花叫做大馬士革玫瑰，它的學名是 *Rosa damascena*，它可能是 *Rosa gallica* 紅玫瑰與學名為 *Rosa phoenicia* 的玫瑰花，或是與學名為 *Rosa moschata* 的玫瑰花的雜交種。這種大馬士革玫瑰早在幾千年前就已出現了，只是在十字軍東征的時候才從敘利亞的大馬士革（Damascus）移植到歐洲地區，這也是這種玫瑰花名稱及學名的由來，但可能是因應了栽培地區的環境，所以它的變種相當多。

有許多玫瑰花是有香味的，因此玫瑰花很早就受到人們的喜愛，尤其是貴族階層的人，據說古埃及著名的豔后克利歐佩特拉（Cleopatra）在她的宮殿裏鋪滿了盈尺的玫瑰花。從現今所能找到的古代資料裏發現，早在西元前幾百年前的時候，當時的希臘人就已經知道把玫瑰花的花瓣浸在橄欖油，芝麻油，或是脂肪裏以萃取玫瑰花裏的香味成份，而且當時的人就已經知道使用這種香油，他們把這種香油塗抹在身體上，羅馬人甚至於在食物裏灑上這種玫瑰花的香油。

根據文獻的記載，似乎早在西元八世紀時，古代的波斯人就已經知道用水蒸餾的方式從玫瑰花的花瓣裏蒸餾出玫瑰花精油，大約是九世紀到十世紀的時候，這種蒸餾玫瑰花精油的技術從阿拉伯經小亞細亞傳到了西班牙，然後再傳到了歐洲的其它國家。

早在西元一世紀的時候，在小亞細亞，也就是在現今土耳其安納托利亞（Anatolia）地區就已經開始大規模的栽植大馬士革玫瑰了，因此當突厥人在十四世紀時建立的鄂圖曼帝國（Ottoman Empire）並佔領了安納托利亞這個地區之後，以水蒸餾萃取玫瑰花精油的方法及栽植玫瑰花的技術也隨著鄂圖曼帝國的擴張傳到了帝國統治的其它地區，當然也包括了現今的保加利亞這個國家。蒸餾槽的英文名稱是 Still，它的土耳其語是 Kazan，現今保加利亞生產玫瑰花精油最著名的地區 Kazanlik（卡贊拉克）這個地名據說就是從土耳其語來的，土耳其語的意思是蒸餾槽所在的位置。玫瑰花精油的英文名稱是 Rose otto，otto 這個字就是源自於 Ottoman，中文音譯為奧圖。不過也有的資料把玫瑰花精油的英文名稱寫成 Attar，這個名稱是來自於土耳其語的 Atir，它的原意是芳香的味道。不過在香水這個領域，有的資料說 Attar 是專指那些產自於印度，以玫瑰花及檀香為原料所蒸餾出來的玫瑰花精油。

根據文獻上的記載，大約是在西元 1710 年，栽培大馬士革玫瑰花的技術傳到了保加利亞境內的卡贊拉克山谷裏的一個小鎮，也許因為卡贊拉克山谷的氣候及土壤特別適合大馬士革玫瑰花的生長，因此很快的，卡贊拉克山谷就成為世界上玫瑰花精油的主要生產地，因而卡贊拉克山谷也被稱之為玫瑰花山谷（Rose Valley）。

十九世紀末，土耳其共和國成立以後，在號稱是土耳其共和國國父凱末爾（Mustafa Kemal Ataturk）的鼓勵下，土耳其開始了玫瑰花栽植的現代化及商業化，並在土耳其西部的伊斯帕爾塔（Isparta）建立了玫瑰花精油的生產工廠。到現今，土耳其所生產的玫瑰花精油大概占全世界產量的百分之七十以上，但是在香水這個領域，一般還是認為保加利亞卡贊拉克山谷及卡利若瓦（Karlovo）山谷所生產的玫瑰花精油的品質是比較好，只是在產量上已略遜一籌。

以水蒸餾法萃取玫瑰花精油的技藝可說是一種歷史很古老的技術了，因此在保加利亞及土耳其仍然有許多祖傳的玫瑰花精油生產工場，而且仍然使用非常古老的蒸餾設備，並且是由栽種玫瑰花的農莊自己進行萃取的工作，然而這類的玫瑰花精油的香味品質是不如知名大廠以較新的、較昂貴的設備蒸餾出來的玫瑰花精油來的精緻，但是它們的價格便宜，當然如果不是行家，這種差異是不容易分辨出來的。

用水蒸餾的方式從玫瑰花的花瓣裏蒸餾出來的玫瑰花精油的味道被描述為是帶著甜甜的花香味，但嚴格的說，它的味道不太像玫瑰花本身所散發出的香味，這主要是因為玫瑰花所散發出的香氣裏有一種主成份苯乙醇（Phenyl ethyl alcohol）是非常容易溶解在水裏的，因此當玫瑰花精油隨著水蒸汽蒸餾出來以後，它裏面所含的苯乙醇有很大一部份是溶解在蒸餾水裏，相對的玫瑰花精油裏的苯乙醇含量就不多了。因此用水蒸餾或是用水蒸汽蒸餾的方式去蒸餾玫瑰花的花瓣時，除了能蒸餾出玫瑰花精油外，就是所收集到的的蒸餾水也是有香味的，這種帶有點玫瑰花香味的蒸餾水在商業上是叫做 Rose water，中文翻譯為玫瑰花水，玫瑰花水也是一種用於製造化妝水的重要原料。

如果用溶劑萃取，可以從玫瑰花的花瓣裏萃取出凝香體及原精，它們的味道比較接近於玫瑰花本身的香味。另外也可以用二氧化碳去萃取，得到的玫瑰花凝香體及原精的香味是更為精緻。

除了保加利亞及土耳其之外，摩洛哥和伊朗這二個國家也是以栽培大馬士革玫瑰聞名於世的，但是這二個國家所生產的玫瑰花精油的香味與保加利亞或是土耳其所生產的玫瑰花精油的香味是有些不同，據說，著名的香水大師們只要聞聞玫瑰花精油的味道就能知道是從那裏來的。

另外法國也有生產玫瑰花精油，只是產量不多。法國所栽培的玫瑰花大多是學名為 *Rosa centifolia* 這種玫瑰花，這種玫瑰花的花瓣很多，所以它的種名是由「百片」（centi-）及「花瓣」（folia）所組成。萃取自這種玫瑰花的精油或是原精的香味要比萃取自大馬士革玫瑰花的精油或是原精的香味來的略為遜色些，所以法國的香水公司還是以產自於保加利亞的大馬士革玫瑰花精油或是原精為他們的首選。在英國稱這種 *Rosa centifolia* 玫瑰花為 Cabbage Rose，而法國人稱它為 Rose de Mai。

因為玫瑰花精油或是原精的價格太過昂貴，所以在香水原料市場上充斥著贗品假貨，如果沒有經驗再加上貪便宜，那麼很有可能就會買到香味品質較差的玫瑰花精油，有的甚至於買到添加了天竺葵或是添加了玫瑰草精油的玫瑰花精油了。

天竺葵

有一類會開花的植物的科名叫做牻牛兒苗科，第一次看到這個科名時還真的不知道那個「牻」字要怎麼唸，查《詞彙》

也查不到這個字，結果是查網路上的資料才在《說文解字》查到它，它唸成「芒」，它的原意是毛色黑白相雜的牛。據說在台灣的高山上，像是在陽明山上是能找到這種牻牛兒苗植物，牻牛兒苗是種嬌柔的小草，但它開的花是有不凡的美。牻牛兒苗科的學名是 Geraniaceae，牻牛兒苗是牻牛兒苗科的代表性植物。

在植物分類學上，牻牛兒苗科是一個植物種類數量相當少的科，大概只有八百多種的植物，劃分為七個屬，大部份的種類是歸屬於 *Geranium* 及 *Pelargonium* 這二個屬。早年林奈研究這一類植物時，他把一種生長在非洲的天竺葵給劃歸到 *Geranium* 屬裏。西元 1789 年，一位法國植物學家 Charles Louis L'Heritier de Brutelle 把天竺葵從 *Geranium* 屬裏給劃分出去，他把天竺葵歸類到他另外設立的一個新的屬裏，這個屬的屬名是 *Pelargonium*。這樣一來就產生了許多的麻煩及困擾，因為有許多以 geranium 為名的植物變成了歸類於 *Pelargonium* 這個屬，譬如說天竺葵精油（Oil of Geranium）是萃取自屬名為 *Pelargonium* 的植物，而中文是把 *Geranium* 翻譯成老鸛草屬，把 *Pelargonium* 翻譯成天竺葵屬。

其實這二個屬裏的植物有許多地方是很相似的，譬如說它們開的花都有五個花瓣，只是老鸛草屬植物開的花的五個花瓣都差不多，而天竺葵屬植物所開的花的五個花瓣並不完全一樣，有二個花瓣是要比另外三個花瓣大一些，而這二個花瓣上的圖樣及顏色也比較鮮艷，這點是分辨天竺葵屬植物與老鸛草屬植物的最重要依據。

天竺葵屬裏可能有二百五十種以上的植物，它們的原產地大多數是在非洲，有些是常綠的多年生植物，有的是灌木，有的是草本植物，有的是多肉植物。有些天竺葵會開很美的花，因此很多歐美國家的家庭裏都會栽種些天竺葵擺在窗台上做為盆景，有些天竺葵的葉子是有香味的，這些天竺葵被稱之為香葉天竺葵，如果將香葉天竺葵的葉子曬乾了後放到茶裏，或是放到果凍及糕餅裏可以增進這些食品的香味。

利用水蒸汽蒸餾的方式可以從香葉天竺葵的葉子及花裏蒸餾出精油來，這種精油就是天竺葵精油。在香水這個領域裏比較重要的香葉天竺葵有 *Pelargonium capitatum*，*Pelargonium odoratissimum*，*Pelargonium graveolens*（它的英文俗名是 Rose scented geranium），*Pelargonium incrassatum*（有的資料把 *P. incrassatum* 寫成 *Pelargonium roseum*）。從這些香葉天竺葵的葉子及花裏蒸餾出來的精油都帶有類似於玫瑰花的香味，這些精油常被用來添加於玫瑰花的精油裏，做為玫瑰花精油的代用品，但它們也可單獨使用做為香水本體香的一部份。

帶有玫瑰花香味的天竺葵精油是以產自留尼旺島的品質最好，市面上也稱它為波旁（Bourbon）天竺葵精油，但也有的資料說法國所產的玫瑰花香天竺葵精油的香味最為精緻，其它像埃及，中國，阿爾及利亞，西班牙及摩洛哥也都有生產，另外法國還有玫瑰花香的天竺葵凝香體及原精。

有些品種的香葉天竺葵的葉子帶有水果的香味，譬如學名為 *Pelargonium odoratissimum* 的這種天竺葵就帶有蘋果的香味，所以這種天竺葵的英文俗名是 Apple geranium，而

Pelargonium crispum 這種天竺葵的葉子是帶有檸檬的味道，至於 *Pelargonium tomentosum* 這種天竺葵的葉子帶有薄荷的味道，它的英文俗名是 Peppermint geranium。

市面上還可以找到一種帶著玫瑰花香味的印度天竺葵精油（Indian Geranium Oil），這種精油也叫做土耳其天竺葵精油（Turkish Geranium Oil），其實這種精油跟天竺葵一點關係都沒有，它們是來自於一種很像檸檬香茅草（Lemon Grass）的植物，這種植物跟檸檬香茅草一樣是屬於禾本科（Poaceae）、香茅屬，它的學名是 *Cymbopogon martinii*，中文稱這種植物為玫瑰草或是馬丁香。利用水蒸汽蒸餾的方式可以從玫瑰草的葉子裏蒸餾出一種帶有甜甜玫瑰花香味的精油，有的描述說它還帶點曬乾的青草味，這種玫瑰草精油的英文名稱是 Palmarosa Oil。玫瑰草精油常添加於玫瑰花精油裏，或是添加於天竺葵精油裏作為代用品或是仿冒品。

水果香調

說到了帶有水果香味的精油，並不是只有從水果的果皮裏才能擠壓出帶有果香的精油，有些植物的葉子聞起來就像是聞到了檸檬一樣，這些植物裏最有名的就是檸檬馬鞭草了，其它類似的植物還有山蒼子，洋甘菊，萬壽菊等。

檸檬馬鞭草

中國草藥裏有一種植物的學名是 *Verbena officinalis*，它的中文名稱是馬鞭草，在外國稱它為 European Verbena，Common

Verbena，或是 Common Vervain。它是多年生直立的草本植物，高度可達到一公尺，它的莖幹會木質化，開一種近似於紫色的花，穗狀花序的花莖好像馬鞭一樣，所以叫作馬鞭草。它是馬鞭草科（Verbenaceae）、馬鞭草屬的代表性植物，葉子是卵形對生的，葉緣成不規則的鋸齒狀，整個葉片看起來更像是細裂的羽狀，具有活血，解熱的功效，據說也可以治療關節的酸痛。馬鞭草的原產地可能是在歐洲，但是在台灣中低海拔的山地裏也可以找到它。

在香水這個領域有一種味道很像檸檬的精油，它的俗名是檸檬馬鞭草精油（Lemon Verbena Oil），它是從檸檬馬鞭草（Lemon Verbena）的葉子裏所蒸餾出來的精油，雖然它的名稱是檸檬馬鞭草，但是這種植物是一種灌木，它的學名相當混亂，似乎植物學家對它的學名並沒有一致的看法，比較多的是將它命名為 *Aloysia triphylla*，其它的學名還包括有 *Aloysia citriodora*，*Lippia citriodora*，*Verbena citriodora*，*Verbena triphylla*。

這種檸檬馬鞭草的原產地可能是在南美洲的阿根廷，智利，祕魯等地，十七世紀的時候被西班牙人帶回到歐洲。它是多年生的落葉灌木，最高可長到三公尺高，通常是在四、五月的時候開始長葉子，葉子長長的，有的會長到十公分長，葉柄很短，葉子的底端呈橢圓形，頂端比較尖，不過葉緣是平整的，到了八月，它會開小小的白花或是開淡紫色的小花，花很香，花和葉子都帶著像檸檬一樣的香味，它的葉子可以加在沙拉裏當作調味料，也可用於烹調魚類及禽類，葉子曬乾以後可以當茶喝。

利用水蒸汽蒸餾的方式可以從檸檬馬鞭草的葉子裏蒸餾出一種味道很像檸檬的黃色精油，因為它的香味可以維持的很久，所以它的香味階是被歸類到本體香，而檸檬精油的香味階是被歸類到頭前香，這是因為檸檬精油的香味很容易的就揮發掉了。但是檸檬馬鞭草精油很容易受到陽光的照射而變質，因而對某些敏感性的皮膚造成過敏反應，因此有些香水是用檸檬香茅草，或是用山蒼子的精油來取代它，只是檸檬香茅草精油的香味不如檸檬馬鞭草精油來的精緻。

因為檸檬馬鞭草精油的價位較高，所以它主要是用於調配香味較為精緻的化妝水，現今市面上所販售的檸檬馬鞭草精油多半是在法國生產的。另外也有用溶劑萃取得到的檸檬馬鞭草凝香體及原精。

市面上有一種稱之為 Indian Verbena 的精油，這種精油是蒸餾自檸檬香茅草（Lemon Grass）。另外還有一種稱之為 Spanish Verbena Oil 的黃色精油，這種精油是從一種學名為 *Thymus hyemalis* 的百里香的葉子裏蒸餾出來的，這種精油也帶有檸檬的香味，但它是作為烹飪用的調味料。

山蒼子

在中國有一種植物，從它的果實裏可以蒸餾出一種味道很像檸檬的精油來，這種植物的學名是 *Litsea cubeba*，它的中文名稱隨著省區而有不同的稱呼，像是在浙江是叫做山雞椒，在廣東是叫做山蒼樹，在福建是叫做賽樟樹，在廣西是叫做木薑子。因為這種植物所結的果實很像胡椒，所以在台灣是叫做山胡椒（Mountain Pepper）。網路上的資料說它是台灣原住民泰雅族人的聖果，叫做馬告，英文寫成 May Chang，所以很多的資料將它寫成 May Chang Litsea cubeba。這種植物的原產地應該是在中國的南方及亞洲的東南亞地區，它的樹葉及果實都帶有點辛辣的檸檬香味，它開的花也很香，也帶有清新的檸檬味，在中國是利用水蒸汽蒸餾的方式從山蒼樹的果實裏蒸餾出精油來，這種淺黃色的精油帶有清新像檸檬的甜甜香味，它的味道與檸檬馬鞭草精油的香味很類似，所以它也被稱之為 Exotic Verbena，或是 Tropic Verbena。它的香味階與檸檬馬鞭草精油一樣是屬於本體香，但是它不像檸檬馬鞭草精油那麼昂貴，也不會因陽光的照射而變質，因此比較不會造成敏感皮膚的紅腫，而且它不會像檸檬精油那樣容易酸敗，變臭，那麼容易揮發，所以它是一種廣受歡迎的精油，它能與多種精油，像是與薰衣草，迷迭香，苦橙花，玫瑰花，依蘭-依蘭這些精油都搭配的很好，它被廣泛的使用於香水，古龍水，化妝水，除臭劑裏，特別是使用於皮膚保養用的化妝品及空氣清淨劑裏。

在南洋一帶，像是印尼，爪哇等地是從山蒼樹的葉子裏蒸餾出精油來，這種精油的品質不如由山蒼子的果實蒸餾出來的精油來的精緻。

山蒼樹是樟科的植物，樟科的拉丁文學名是 Lauraceae，它的英文俗名是 Laurel Family，Laurel 是我們所說的月桂。山蒼樹的屬名 *Litsea* 在中文裏是叫做木薑子屬。山蒼樹是一種落葉的小喬木，可以長到十公尺高。冬天或是春天的時候先開花，然後再長樹葉，花是淡黃色的，四到五朵小花聚成一簇，幾簇在一起像繖形的樣式，但通常是倒垂著長。開花的時候整棵樹佈滿著一簇一簇淺黃色的花團，非常醒目，它所結的果實是球形的，直徑約為 0.5 公分，成熟時變成黑色，具有強烈的辛辣味，它是台灣原住民煮湯時的調味料，感冒時可以煎煮服用，加冰水可治宿醉。

洋甘菊

中國草藥裏，人參是萬藥之王，而在西方世界裏，洋甘菊可說是西洋草藥之王。自古希臘與羅馬時期，它就是一種重要的草藥，至今它仍然是許多西方人士所愛用的草藥，它主要是用於退燒，止咳，舒緩情緒，及治療消化不良。

洋甘菊的英文名稱是 Chamomile，以它為名的植物有好幾種，但是能用作為草藥的洋甘菊只有二種，一種稱之為德國洋甘菊（German Chamomile），這種洋甘菊的主要栽培地區有德國，匈牙利，埃及。另外一種洋甘菊是羅馬洋甘菊（Roman Chamomile），它主要的栽培地區是在英國，所以這種洋甘菊也叫做英國洋甘菊（English Chamomile）。這二種洋甘菊的藥效都差不多，現今主要是加在茶葉裏做為花茶的一種主要成份，據說能幫助消化，幫助睡眠。

洋甘菊是菊科的植物，以前菊科的拉丁文學名是寫成 Compositae，現今多寫成 Asteraceae，這個學名是由菊科裏的紫菀屬（*Aster*）來的，它的原意是星形的意思，它指的是菊科植物的花是星形的。菊科是雙子葉植物中種類最多的一個科，大約有一千六百個屬，二萬多種的植物。菊科植物的特徵是它的頭狀花序，看起來它的花好像是一朵花，其實從植物學的形態構造上來說，它是由許多小花聚集而成的。我們就以菊花為例來說明，如果我們拿一個放大鏡來看一「朵」菊花，我們會發現中間黃黃的「花心」部份是由許多像小管子的小花所構成，也就是說菊花的中間部份聚集了大約幾十「朵」管狀的小花，這種管狀的小花有雌蕊，也有雄蕊。有些菊科植物的管狀小花聚集成像一個圓形的盤子，有的聚集在一起成為圓錐形，這部份的小花叫做盤狀小花（Disc Florets，Floret 的意思是小花）。盤狀花的四周圍繞著幾朵或是幾十朵具有非常明顯花瓣的小花，這種小花的花瓣長的像舌頭一樣，所以叫做舌狀小花（Ray Florets），舌狀小花的雄蕊退化掉了，只剩下雌蕊。菊科植物還有另外一個特色就是在頭狀花序的下方有個總苞，將小花堅固密實地包住，讓它們看起來就和「一朵花」沒什麼兩樣。

洋甘菊的英文名稱 Chamomile 是緣自於希臘語的 chamos 及 melos 這二個字，chamos 的原意是大地（ground），它指的是這種植物是低低的長在地上，而 melos 的原意是蘋果（apple），它指的是這種植物所開的花帶有蘋果的香味。

德國洋甘菊的學名是 *Matricaria recutita*，有的植物學家將它命名為 *Matricaria chamomilla*，中文將它的屬名翻譯為母菊屬，這種屬名的由來可能是因為早期洋甘菊常用於治療婦女的病痛，譬如說調節生理上的不順，或是當做產後的飲用品。德國洋甘菊的原產地是在歐洲及亞洲西部一帶。它是一年生的草本植物，大約可以長到六十公分高。植株沒有什麼香味，但是它所開的花帶有蘋果的香味，也就是說只能從它的花朵裏蒸餾出帶有蘋果香味的精油來。利用水蒸汽蒸餾的方式從德國洋甘菊的花朵蒸餾出的是一種黏稠的藍色精油，這種精油的香味並不是那麼的精緻，因此很少用於香水裏，它主要是用於芳香療法上，以適當的油脂稀釋後直接塗抹在皮膚上。

德國洋甘菊所開的花的盤狀花部份是呈圓錐形，曬乾以後可以用來泡茶，或是加到啤酒裏以增進啤酒的香味，歐洲大陸的人是比較喜歡這種德國洋甘菊。

羅馬洋甘菊是一種多年生的匍匐蔓延性草本植物，它可以長到三十公分高，整個植株和它所開的花都帶有類似於蘋果的香味。花的盤狀花部份呈平盤形，這點是與德國洋甘菊不同的。羅馬洋甘菊被歸屬於春黃菊屬裏，它的學名是 *Anthemis nobilis*，但也有的植物學家將它歸屬於果香菊屬，因此它的學名也可以寫成 *Chamaemelum nobile*。

十六世紀時，在羅馬城的附近有大規模羅馬洋甘菊的栽植，所以它被稱作羅馬洋甘菊。英國人及美國人比較喜歡使用羅馬洋甘菊，利用水蒸汽蒸餾的方式可以從它的整個植株裏蒸餾出帶有蘋果香味的精油來，有的資料描述說這種精油還帶有甜甜的花香味，或是帶有茶香味，在香水這個領域裏主要是使用這種羅馬洋甘菊精油做為香水本體香的一部份，它能與佛手柑，勞丹脂，苦橙花，快樂鼠尾草，橡樹苔這些精油或是原精搭配的很好。羅馬洋甘菊精油也能用於芳香療法上，也能添加於面霜裏，然後塗抹在皮膚上，不過剛蒸餾出的精油是淺藍色，放久了會慢慢的變成帶點綠的藍色，甚至於變成黃棕色。

另外還有一種被稱之為摩洛哥洋甘菊（Moroccan Chamomile）的植物，但它不是真正的洋甘菊，它不能當作一般的洋甘菊藥草來用，但它也是屬於菊科的，它的學名是 *Ormenis multicaulis*，從它所開的花裏可以蒸餾出一種淺黃棕色的精油，這種精油帶有甜甜的香膏味道，只是這種精油的揮發性很高，它的香味階被歸類於頭前香，有的資料說它可以用於調配古龍水，或是化妝水。

萬壽菊

菊科植物裏有一種萬壽菊，它的植株會散發出一種能讓蚊蟲遠離的氣味，但是另外又有一種萬壽菊，從它的植株裏能蒸餾出可以用於香水的精油，這二種萬壽菊有什麼差別呢？查書本上的資料，或是查網路上的資訊，總是看到說萬壽菊就是金盞花，是不是這樣呢？

金盞花的英文名稱是 Marigold，但是以 Marigold 為名的植物卻有很多種，譬如說學名為 *Calendula officinalis* 的這種植物的英文俗名是 Pot Marigold，中文稱這種植物為金盞花，它是菊科、金盞花屬的植物。金盞花的原產地是在歐洲的南部、地中海附近的地區及伊朗這一帶，它能長到五、六十公分高。金盞花的花期很長，據說到了羅馬曆的每月初一，金盞花就會開花，因此金盞花屬的屬名就是根據羅馬曆的每月初一 Calends（拉丁文是 Kalendae）被命名為 *Calendula*。

金盞花可以用作為草藥，具有防腐，殺菌的效果，對皮膚病，燒傷，凍傷，凍瘡及婦人病痛都有療效，它也可以用來護膚，花可以用來泡茶，也可以用來煮湯，因為金盞花開的花很美，歐洲人很喜歡將金盞花種在盆子裏當作觀賞用的盆景，因此叫它為 Pot Marigold。

另外還有些植物的英文名稱裏含有 Marigold 這個字，像是 African Marigold（非洲金盞花），French Marigold（法國金盞花），Mexican Marigold（墨西哥金盞花）等等，但是這些植物都不是金盞花屬裏的植物，它們是屬於萬壽菊屬，萬壽菊屬的學名是 *Tagetes*，這些萬壽菊屬植物的原產地是在美洲，像是美國，墨西哥等地。

非洲金盞花（African Marigold）這種植物是先從美洲移植到非洲後再移植到歐洲，因此才有 African Marigold 的稱號，它又被叫成是美洲金盞花（American Marigold）。這種植物的學名是 *Tagetes erecta*，中文的萬壽菊指的就是這種植物，如果把它的葉子放在手上揉搓會有很不好聞的腐敗氣味，所以它又叫做臭菊，又因為地區的不同而又有其它不同的名稱，像是有的地方叫它為臭芙蓉。萬壽菊是一年生的草本植物，但它的莖幹相當粗壯，可以直立的生長，所以它的種名為 *erecta*，它可以長到六十公分高，花是有點香味，但是有人覺得那種氣味很臭，在非洲常被拿作驅趕蚊蟲之用。

法國金盞花（French Marigold）指的是學名為 *Tagetes patula* 的這種植物，它的中文名稱是孔雀草。

墨西哥金盞花（Mexican Marigold）指的是學名為 *Tagetes minuta* 的這種植物，它的中文名稱是印加萬壽菊，或是叫做墨西哥萬壽菊，也有的植物學家把它的學名寫成 *Tagetes glandulifera*。這種植物開花時，利用水蒸汽蒸餾的方式可以從整株植物裏蒸餾出一種黏稠的金黃色精油，這種精油叫做Tagette oil，中文的翻譯為萬壽菊精油，它的味道被描述為是在像龍艾的青草味裏帶點水果的香味，在香水這個領域裏所提到的萬壽菊精油就是這種精油，但是它的添加量要非常的低，否則會變成臭味，另外這種精油還有個缺點，那就是照光後會變質，會刺激敏感性的皮膚，一般這種墨西哥萬壽菊精油是搭配著快樂鼠尾草，薰衣草，佛手柑，檸檬，或是煙草的精油或是原精用於調配男人用的香水。

綠意香調

帶有青草綠葉的風味，而其香味階被歸類到本體香的原精或是精油是不多的，其中的二種是從圓葉當歸及紫羅蘭的葉子裏萃取出來的。

圓葉當歸

我們在討論基礎香的精油時曾討論過當歸及歐白芷，它們都是屬於傘形科的植物，歸類到傘形科裏的植物種類大概有2800 到 3000 種，這裏面有些是很有經濟價值的植物。同樣的要研究這麼大一個科裏的植物，如果不把它們再細分一下，那麼研究起來是會讓人頭昏的。

大約是在 1898 年左右，有一位叫德魯德（O. Drude）的植物學家將傘形科裏的植物再細分為天胡荽亞科（Hydrocotyloideae），變豆菜亞科（Saniculoideae），芹亞科（Apioideae）三個亞科。後來的植物學家又在亞科下細分族、亞族、然後才是屬。但是在這樣的分類系統裏，到底要將植物歸類到那一個族，或是那一個亞族，或是那一個屬時，不同的植物學家對某些植物的歸類是有很多不同的意見。不過當歸及歐白芷所屬的當歸屬（*Angelica*）是歸類到當歸亞族（Angelicinae），而當歸亞族是隸屬於芹亞科裏的前胡族（Peucedaneae）。

當歸亞族裏有一個屬的屬名是 *Levisticum*，這個拉丁文屬名可能是起源於義大利的一個地名，它的中文屬名是歐當歸屬。歸類於這一屬的植物到是不多，其中有一種植物的學名是 *Levisticum officinale*，它的英文俗名是 Lovage。這種植物的原產地可能是在地中海附近的地區，中文把這種植物叫成歐當歸，歐洲當歸，或是圓葉當歸。

圓葉當歸是多年生的植物，在歐洲南部的一些國家裏是非常的普遍，雖然在許多國家，像是在法國，希臘及巴爾幹半島上是野生的，但也有栽培的，主要是用於調味，在義大利的食物裏是很常用的一種調味料，但也可以當作蔬菜，加在沙拉裏。圓葉當歸長的有點像芹菜，它的葉子也帶有芹菜的味道，葉子曬乾以後可以用來泡茶。它的莖也是像芹菜一樣是中空的，可以長到二公尺高，開的是典型的傘形花，會結種子，種子可以加在糖果裏。

利用水蒸汽蒸餾的方式可以從圓葉當歸的整個植株裏蒸餾出精油來，這種精油的英文名稱是 Lovage Herb Oil，但更常見的是從根及從葉子裏蒸餾出來的精油，從葉子裏蒸餾出來的精油的英文名稱是 Lovage Leaf Oil，從根裏所蒸餾出來的精油的英文名稱是 Lovage Oil，雖然這些精油都是帶著點綠顏色的黃棕色黏稠液體，但是它們的味道還是有點差異，通常在香水這個領域是採用從根裏蒸餾出來的精油，它的味道被描述為是像當歸，芹菜，橡樹苔及羅馬洋甘菊的味道，常與玫瑰花，雲木香，薰衣草，橡樹苔這些精油搭配著使用。

紫羅蘭

在西方，基督教文化的影響是非常大的，許多節日都與傳說中的聖人有關。當商業文化盛行以後，許多傳統上的基督教節日也多多少少的沾染上了商業的氣息，其中最明顯的要算是聖誕節及情人節了。每到這二個節日，許多人都會寫些卡片給親人，朋友，或是情人表示祝福，或是表示愛意。

據說早在西元三世紀的時候，羅馬帝國的皇帝連年征戰，兵士死傷極大，他為了要能夠徵集到足夠的兵士，因此他下令不准年輕人結婚，但是當時有一位名叫瓦倫丁（Valentine）的傳教士還是偷偷的為年輕的男女主持婚禮。後來這位傳教士被羅馬皇帝下令處死，當瓦倫丁被關在監獄裏時，他與一位獄卒的女兒產生了戀情，在瓦倫丁要被處死的前一天，瓦倫丁從紫羅蘭的花瓣裏擠出些汁液當做墨水寫了一封信給獄卒的女兒，並在信尾簽上了瓦倫丁的名字，他寫的是「您的瓦倫丁」（Your Valentine），這樣的簽名方式流露出的是深沉的羅曼蒂克氣息，這樣的簽名方式也就一直流傳著，直到今日。後來天主教把二月十四日，也就是瓦倫丁被處死的那一天定為聖瓦倫丁日（St. Valentine's Day），習俗上這一天也就是情人節，在這一天，情人會送紫羅蘭給愛人表達愛意，但是不知道從何時開始，送花的習俗變成了送玫瑰花了。

紫羅蘭的英文名稱是 Violet，然而在中國似乎是叫香菫菜的比較多，它是屬於菫菜科（Violaceae）、菫菜屬（*Viola*）的植物，它的學名是 *Viola odorata*。從紫羅蘭的種名 *odorata* 可以看出紫羅蘭所開的花是有香味的。紫羅蘭開的花大多是紫色的，它有五個花瓣，上面有二個，像兔子的耳朵，另外有一個比較大的花瓣是向下的，二旁各有一個花瓣。其實紫羅蘭這種植物比較特殊的是它的葉子，葉子是墨綠色的心形，邊緣呈小鋸齒狀。它的原產地似乎是在歐亞交界的小亞細亞及地中海附近的地區，原本它是野生的，但在西方國家是被廣泛的栽培著，它非常好養，所以在許多家庭裏都種有紫羅蘭當作擺設。

古羅馬時代，羅馬人用紫羅蘭的花去釀酒，或是混在牛奶及麵粉裏作成糕餅。在古老的年代，它也被當做是一種草藥，據說可以減輕因癌症所引起的疼痛。紫羅蘭的花也常被加到茶裏以增進茶的風味，也有的資料說紫羅蘭的花及葉子可以加到沙拉裏作為調味料。

利用溶劑可以從紫羅蘭所開的花裏萃取出凝香體及原精來，紫羅蘭花的香味主要是源自於它所含的紫羅蘭酮（Ionones），但是紫羅蘭花的凝香體及原精是非常的昂貴，而且必須預先訂購，這二個條件只有香水大廠才能辦的到，所以市面上是很少見的。

另外利用溶劑也可以從紫羅蘭的葉子裏萃取出凝香體及原精來，紫羅蘭葉的原精是綠色的黏稠液體，它的香味與紫羅蘭花原精的味道是不一樣的，它的味道被描述為是在青草的味道裏帶著些泥土、樹苔及花的香味，早先在法國及義大利有大規模的紫羅蘭栽培，目的就是要萃取紫羅蘭葉的原精，而現今似乎以埃及生產的比較多。

紫羅蘭葉的原精與許多精油都能搭配的很好，譬如說夜來香，快樂鼠尾草，薰衣草，安息香，茴香，羅勒，檀香，依蘭-依蘭等，主要是用於調配花香系列的香水，譬如說用於調配類似鈴蘭香味的香水。

辛香料香調

既然談到了羅勒、茴香，接下來我們就來看看香味被歸類於辛香料香調的精油與原精。其實辛香料的香味是非常複雜的，譬如說薄荷的香味與肉桂的香味就完全不一樣，因此有的資料把辛香料香調再細分為辛辣香調，肉桂香調，薄荷香調，茴香香調等，但是在這裏我們只採用較為寬鬆的分類方式，也就是把這些都列為辛香料香調。

羅勒

多年以前，在台灣流行喝生啤酒，各大城鎮，到處都是啤酒屋，每到夜幕低垂華燈初上時，三五知己好友同逛啤酒屋，狼吞熱炒佳餚，豪飲冰冷生啤酒，開懷喧譁，評時論古，猶追當年羽扇綸巾諸葛武侯。

炒蛤蜊，炒牡蠣，炒海瓜子，三杯雞，多少道佳餚都因那幾片墨綠的九層塔而更添香味。其實九層塔在世界各國的食物料理裏都是不可或缺的，像是在泰國菜、義大利菜，九層塔都是必加的調味料，只是九層塔在西方國家是叫做 Basil。

說到 Basil 這個名稱，那它只是一個通稱，根據所能找到的資料，Basil 所指的植物可能有幾十種，在台灣稱之為九層塔的只是 Basil 這類植物裏的一種，中文把 Basil 翻譯為羅勒。Basil 這個名稱是源自於希臘文裏的 basileus 這個字，它的原意是王者，在西方的烹飪界，羅勒被視為是調味香料之王（King of the Herbs）。

在植物分類學上，羅勒這一類的植物是歸屬於唇形花科（Lamiaceae）的羅勒屬（*Ocimum*）。唇形花科這個名稱是來自於這類植物所開的花的花瓣可以分為上下兩個部份，外型就好像是嘴唇的形狀。基本上唇形花科裏的植物大多是草本的，很少有木本的，通常它們的葉子都含有揮發性的芳香油，可以作為醫療用的草藥，或是作為烹飪用的調味料。其中有許多的植物是被大量的栽培著，像是薄荷、迷迭香、羅勒、鼠尾草、薰衣草、百里香等，這些植物一般都很容易用插枝的方法繁殖。至於羅勒屬 *Ocimum* 這個名稱是源自於希臘文，它的原意是「香的」。

羅勒屬植物的主要特徵是它們的頂生穗狀花序，花莖是由葉腋長出來，一層一層的小花好像寶塔一樣，所以有了九層塔這樣的稱號。很多羅勒屬的植物都具有香味，也就因為它們特殊而又好聞的香味，所以廣泛的應用於作為烹飪用的調味料。在歐洲最常見的羅勒是所謂的甜羅勒（sweet basil），它的學名是 *Ocimum basilicum*。甜羅勒的味道被描述為是在像胡椒的辛辣味裏帶有些甜味，香味像茴香（Anise），又像龍艾（Tarragon）。在台灣常見的九層塔就是這種甜羅勒的一個變種，它的學名是 *Ocimum basilicum var. thyrsiflora*，它的葉莖是紅紫色的，而歐洲甜羅勒的葉莖是綠色的，歐洲甜羅勒的辛辣味不如九層塔來的強烈。

羅勒植株的香味是隨著品種及栽培的環境而有不同，有一種羅勒帶有檸檬的香味，這種羅勒的學名是 *Ocimum basilicum var. citriodorum*，俗名叫做檸檬羅勒。還有一種羅勒的味道像肉桂，它的學名是 *Ocimum basilicum var. cinnamon*，俗名是肉桂羅勒。因為大部份的羅勒都屬於 *Ocimum basilicum* 這個「種」的羅勒，只是香味不一樣而已，因此有的資料在描述這些羅勒時，通常是在羅勒學名的後面加上描述香味的字，譬如說帶有茴香香味的羅勒就寫成 *Ocimum basilicum Anise*。

利用水蒸汽蒸餾的方式可以從羅勒的葉子及花裏蒸餾出帶點綠色的淺黃色精油，因為不同種類的羅勒的香味都不太一樣，所以蒸餾出來的精油的香味也不同。通常在法國、義大利、埃及、保加利亞、美國這些國家所栽培的是學名為 *Ocimum basilicum* 的甜羅勒，從這種甜羅勒的植株裏蒸餾出來的精油含有較多的沉香醇（Linalool），所以它的香味是比較精緻，它的香味被描述為是在清新的青草味裏帶點胡椒，或是茴香，或是龍艾的香味，其中又以法國出產的香味最為精緻，通常也只有這種羅勒精油（Basil oil）較適合用於調配香水，它與佛手柑，萊姆，快樂鼠尾草，紫羅蘭，橡樹苔這些精油或是原精都能搭配的很好，常用於調配香味類似於紫羅蘭，或是類似於水仙花的香水，或是用於調配柑苔香調及馥奇香調的香水，但一般的添加量都是很少的。

丁香

在西洋餐點的烹飪裏，丁香是常用到的一種調味料，它也是一種中藥，可以用來治牙痛，它的英文名稱是 clove，這個名稱是源自於法文裏的 clou，在法文裏指的是小手指。

丁香這種香料是來自於印尼東部摩鹿加群島上一種學名為 *Syzygium aromaticum* 丁香樹的花苞，花苞曬乾以後就是丁香，它的樣子好像一根小小的手指。

在植物分類學上，*Syzygium aromaticum* 這種植物是屬於桃金孃科（Myrtaceae）。大多數桃金孃科植物的原產地是在澳洲，印尼，馬來西亞，及南太平洋上的一些島嶼。一般來說，桃金孃科裏的植物都長的很高大，然而它們所開的花卻很小，更特殊的是它們的雄蕊非常的多，花絲細長柔軟好像睫毛一樣。桃金孃科裏大約有 130 到 150 個屬，有的植物學家把丁香樹歸類於蒲桃屬（*Syzygium*），但是因為蒲桃屬裏的植物與原產地是美洲的番櫻桃屬（*Eugenia*）裏的植物非常近似，因此有的植物學家把蒲桃屬裏的植物給歸類到番櫻桃屬裏，因此丁香樹的學名也被寫成為 *Eugenia caryophyllata*。

蒲桃屬的學名 *Syzygium* 是源自於希臘文裏的 syn 與 zygon 這二個字，syn 的原意是在一起，zygon 的原意是連接，它指的是蒲桃屬植物所開的花的花瓣是連在一起成圓筒狀。

丁香樹通常可以長到二十到三十公尺高，大概在六、七月的時後，丁香花花苞的顏色會從黃綠色轉變成紫紅色，趁著花苞還沒有綻開以前就要用人工把花苞摘下來，然後曬乾，這些曬乾的丁香會運到歐洲去。利用水蒸餾或是水蒸汽蒸餾的方式可以從曬乾的丁香裏蒸餾出丁香精油，丁香精油（Clove oil）是一種淺黃色的液體，它的主要成份是丁香酚，所以丁香精油的味道就是丁香酚的味道，但有的資料說它還帶點水果的香味。目前世界上生產丁香最多的地方是坦桑尼亞，桑吉巴，馬達加斯加島，奔巴（Pemba）群島及馬來西亞等地，但是一般還是認為從印尼摩鹿加群島及附近一些島嶼所出產的丁香裏蒸餾出來的精油的香味最為精緻，通常也只有這種精油最適合用於調配香水，另外從丁香樹的葉子也能蒸餾出精油來，但是在香水這個領域似乎較少使用它。

丁香精油可以和羅勒，安息香，肉桂，佛手柑，玫瑰花，茉莉花，檸檬，苦橙花，薄荷，迷迭香，依蘭-依蘭這些精油或是原精搭配，主要是用於調配東方香調的香水，在調配具有康乃馨香味的香水時，丁香精油更是它的主要成份。

在中文裏還有幾種植物也叫做丁香樹，不過這幾種植物更通常的名稱是紫丁香，就像「紫丁香」這首歌的歌詞，「紫丁香呀，它是朵什麼樣的花呀？」說真的，紫丁香到底指的是哪一種花那可真的是沒有多人真的搞清楚，為什麼會這樣呢？一個可能的原因是在植物分類系統上中文命名的混亂。

紫丁香的英文名稱是 Lilac，在植物分類學上是屬於木犀科。前面討論過的桂花是屬於木犀科的木犀屬，而紫丁香是屬於 *Syringa* 這一屬，麻煩的是 *Syringa* 屬的中文屬名是丁香屬，這一屬裏的植物都叫做丁香，像是歐洲丁香，紫丁香，北京丁香等等。

丁香屬裏大概有三十多種的植物，丁香屬又被細分為紫丁香亞屬（*Eusyringa*）及擬女貞亞屬（*Ligustina*）。紫丁香亞屬下面又細分為四個組，這四個組是紅丁香組（Villosa），毛丁香組（Pubescentes），紫丁香組（Vulgaris），羽葉丁香組（Pinnatifoliae）。丁香屬裏有二種植物的中文名稱都叫做紫丁香，其中一種是歸類於毛丁香組，它的學名是 *Syringa juliana*。另外一種是歸類於紫丁香組，它的學名是 *Syringa oblata*，這種丁香也叫做華北丁香。看到這裏真的頭都要昏了，這樣我們也許可以知道為什麼除了少數的專家以外，可能真的是沒有多少人能搞得清楚紫丁香到底是朵什麼樣的花，但是不知道又有什麼關係呢？花香，花美，曉得它大概是屬於紫丁香一類的花就夠了。

有的丁香屬植物的原產地是在中國，有的是在歐洲，但可以說都是在溫帶地區。原產地是在中國的丁香屬植物的種類比較多，有的資料說有二、三十種以上，傳統上在中國是屬於觀賞性的花卉，長江以南的人稱紫丁香為百結花。丁香屬植物是落葉的小喬木或是灌木，葉子是對生的橢圓形，很像茉莉花的葉子，但是顏色比較深。大部份在四、五月時開花，幾十朵花成圓錐花序長在枝梢的頂端處，大多帶有很濃郁的香味，花有四個花瓣，花冠底部成圓筒形，花很小，未開的花苞像手指一樣，或是像釘子一樣，所以叫做丁香，自古以來丁香花就以它特有的馨香和多采多姿的花色而深受喜愛。

在歐洲所見的大多是歐洲丁香，它的學名是為 *Syringa vulgaris*。歐洲丁香與學名為 *Syringa oblata* 的華北丁香同樣是歸屬於紫丁香組。歐洲丁香開的花也有許多種顏色，有藍色，紅色，桃紅色，白色，乳白色，但仍以紫色的為多，所以英國人叫這種歐洲丁香為 Lilac，它的原意是紫色的。可能是這個原因，有許多的資料把這種歐洲丁香 Lilac 給翻譯為紫丁香。英國人喜歡在庭院裏種些這種 Lilac 紫丁香，花開時纍纍的花簇在薄霧中搖曳，花香與薄霧凝成的景色似乎反映著英國人特有的沉思與高雅的紳士氣質。

有的資料記載早期有人用脂萃法去萃取 Lilac 紫丁香花裏的香味成份，也有人用丁烷去萃取，但是所得到的凝香體或是原精的數量實在太少，而且價格又貴的嚇人，據說一公斤要幾十萬美元，因此可以說市面上是沒有這種 Lilac 紫丁香的原精，就是有，也可以百分之百的說那是人工調配的。

肉桂

中秋夜月漸東上，桂香邀月美酒揮，我舞伴月影零亂，獨望秋月淚痕乾。人愈老愈會思念久別的親人，愈會思念小時候過佳節的歡樂，嫦娥奔月，吳剛伐桂，玉兔搗藥，那些想像的傳說從老一輩的口中一代一代的流傳下去，這些古老的傳說充添著詩人墨客的想像力，但卻無法滿足一個好奇小孩的疑問，吳剛伐桂伐的是什麼桂？ 是桂花的桂？還是肉桂的桂？ 這個簡單的問題總是換來一頓排頭，那是一個神話，不必計較那麼多。

喜歡吃滷味的都知道烹煮滷味時，八角，花椒，茴香，肉桂都是少不了的調味香料，其中肉桂更是增添甜味與香味所不可缺少的。不只是做為調味香料，肉桂還是一種中藥，翻查中藥的藥典書籍，發現肉桂的作用可大了，像是「溫補腎陽，溫中逐寒，宣導血脈，引火歸元」。自己沒學過中醫，對這些名詞總是有看沒有懂，因此查了半天，還是不太知道中藥藥典裏所說的肉桂到底指的是哪種肉桂，因為肉桂是有許多種，也許就像大多數的偏方一樣，到底是哪種肉桂是不足為外人道的。

肉桂又叫做桂皮，有好幾種植物的樹皮都可以用來製作肉桂，這些植物都是屬於樟科（Lauraceae）的樟屬植物。樟屬的代表性植物就是台灣特有的那種可以提煉出樟腦的樟樹，樟樹的學名是 *Cinnamomum camphora*。歸類於樟屬的植物有三百多種，大部份樟屬植物的樹幹，樹皮，樹葉，或是所開的花都有香味，也可以從中提煉出精油來，而其中有二百多種被認為是類似於肉桂的植物，在商業上有價值的大約只有七、八種。

在英文裏第一種可以被翻譯為肉桂的是 Cinnamon，嚴格的說，這種肉桂指的是錫蘭肉桂（Ceylon Cinnamon），這種肉桂是取自於一種原產地為斯里蘭卡，學名為 *Cinnamomum zeylanicum* 的植物，學名裡種名所代表的就是斯里蘭卡的舊名錫蘭（Ceylon）。這種植物最高可以長到二十公尺高，但是通常會被修剪的比較矮，目的是讓肉桂樹能長多點樹幹。

通常就在雨季過後，樹皮裏充滿了水份，專業剝樹皮的人就會將樹皮剝下，然後將樹皮上的小樹枝，樹葉及粗糙的外皮剝掉，剩下內皮，經過切割及拍打的處理後放在室內風乾，然後再放在遮棚下曬乾，曬乾的肉桂經過分級，有的運到歐洲去，有的就在當地銷售。大部份高級的肉桂是作為食物的調味料，或是做為藥材，只有級數比較差的肉桂是用來提煉精油。

通常是利用水蒸餾或是水蒸汽蒸餾的方式從處理好的肉桂裏蒸餾出精油來。錫蘭肉桂精油是黃棕色的黏稠液體，帶有肉桂特殊的香味，一般的描述是在辛辣的香料味道裏帶有木頭和水果的香味，它的主要成份是肉桂醛，通常是用於調配具有神祕性感意味的東方香調的香水，但是添加量是很低的。

另外也可以從錫蘭肉桂樹的葉子裏蒸餾出精油來，這種錫蘭肉桂樹葉精油的主要成份是丁香酚，所以它的味道和錫蘭肉桂精油的味道是不一樣的。還有從錫蘭肉桂樹的樹根裏也可以蒸餾出精油，只是這種精油的主要成份是樟腦，在香水領域裏的用處比較少。錫蘭肉桂樹會開一種黃綠色的小花，花謝了以後會結果實，如果把未成熟的果實摘下，曬乾了會得到一種外型很像丁香的肉桂花芽香料，這種香料在英文裏是叫做 Cinnamon buds，它帶有一種很特殊的甜甜香味，通常是磨成粉後作為食物的調味香料，而不用於提煉精油。

在英文裏第二種可以翻譯為肉桂的是 Cassia，這種 Cassia 有另外一個名稱是叫做中國肉桂（Chinese Cinnamon）。顧名思義，這種肉桂的原產地就是在中國的廣西及雲南一帶。這種肉桂的學名是 *Cinnamomum cassia*，但也可以寫成 *Cinnamomum aromaticum*。這種肉桂就是我們常見的肉桂，它也叫作玉桂，或是叫作牡桂。它的樹皮是灰褐色的，樹皮比較厚，有的會厚到 1.3 公分，樹皮帶有肉桂的芳香味，但是比錫蘭肉桂來的苦澀，香味品質不如錫蘭肉桂來的精緻，所以不太用於提煉作為香水用的精油，它的主要用途是作為中藥材及食物用的調味香料。

市面上有一種學名為 *Cinnamomum burmannii* 的印尼肉桂（Indonesian Cinnamon），這種肉桂在中國是叫做陰香，它在印度是做為食物的調味香料。另外還有一種越南肉桂（Vietnamese Cinnamon），它的學名是 *Cinnamomum loureiroi*，這些肉桂在香水這個領域裏是沒有太大的價值，我們就不多討論了。

多香果

吃，對人來說是很重要的，因為不吃會餓死，但是吃的好，吃的香那就是另外一個層次的需求及享受了。除了吃，再過來就是講究穿了，對那些政治地位在上層的人，或是對有錢的人來說，除了要吃的好，還要穿的好。在古代，歐洲地方所需要的蠶絲，茶葉及香料都是從東方運去的，當信奉基督教的東羅馬帝國在西元 1453 年被信回教的鄂圖曼帝國滅了以後，從東方到歐洲的通路就被鄂圖曼帝國所控制，因為鄂圖曼帝國持續不斷的擴張，不斷的發動戰爭，使得歐洲前往東方的交通受到了阻礙，東西方之間的貿易就被打斷了，再加上鄂圖曼帝國向過境的商人收取非常高的稅收，因此東方的物品的價格就變得非常的昂貴。為了追求豐厚的商業利潤，歐洲人想盡辦法要找出另外一條能到達東方的通路。那時有一位出生於義大利的航海家叫做哥倫布（Christopher Columbus），他認為從歐洲往西航行最後應該可以到達東方。西元 1492 年 8 月 3 號，哥倫布在西班牙國王的資助下，率領了三艘帆船從西班牙出發向西航行，經過七十多天的旅程，終於在 1492 年 10 月 12 日的清晨發現了路地，從此開啟了歐洲人殖民美洲的歷史。

當哥倫布看到了加勒比海、牙買加島（Jamaica）上一種植物的果實，他以為那就是胡椒（pepper），因此就把它帶回西班牙。西班牙人稱哥倫布帶回的「胡椒」為 pimienta，英國人稱之為 pimento。因為這種香料的香味很複雜，好像是丁香，肉桂，肉豆蔻和胡椒的混合香味，所以英國人又稱這種香料為 allspice，另外這種香料最初是來自於牙買加，所以也叫做牙買加胡椒（Jamaica pepper），中文的名稱有多香果，玉桂子及百味胡椒。

多香果的學名是 *Pimenta dioica*，*Pimenta* 這個屬名是來自於西班牙語的胡椒 pimienta，它的中文屬名是玉桂屬，它是屬於桃金孃科的。多香果樹長的並不是很高大，大約有十公尺高，開的是一種白色的小花，花很香，果實很小，成熟後變成紫紅色。當果實還沒有成熟變紅以前就要摘下來，曬乾以後是棕色的，大小約為 0.5 公分左右。如果用水蒸汽蒸餾可以得到多香果的精油，英文叫做 Allspice Oil，或是叫做 Pimento Oil。它是一種黃棕色的液體，主要的成份是丁香酚，它的香味被描述為是在丁香的味道裏帶著胡椒和肉豆蔻的香味。它主要是搭配勞丹脂，依蘭-依蘭這類的原精或是精油用於調配東方香調及香味類似於康乃馨的香水。

另外多香果樹的樹葉也有香味，也可以蒸餾出精油，它的丁香酚含量也很高，有的人專門蒸餾多香果樹葉的精油，為的就是它所含的丁香酚。

胡椒

十五世紀的歐洲人為了小小的胡椒粒，乘風破浪，環繞地球，開創了千古未有的盛世，那麼胡椒到底是個什麼東西，怎麼會有那麼大的魅力呢？

最初，胡椒是產自於印度南方的馬拉巴（Malabar）一帶，它是一種學名為 *Piper nigrum* 的植物所結的果實曬乾了以後所得到的像綠豆般大小的香料。這種植物是歸類於胡椒科（Piperaceae）、胡椒屬。它是一種爬藤植物，需要依附在其它的植物上生長。葉子的底端較寬，近似於橢圓形，葉子的前端比較尖。葉子約有五、六公分長，通常栽種到第四年，從腋芽的地方會長出花軸，沿著花軸會開出一串的小花，花有點香味，果實成熟後會從綠色轉變成紅色。

如果在不同的時期摘取胡椒的果實然後加工處理會得到不同顏色的胡椒子。當胡椒的果實還是綠色的時候就把它摘下，然後用二氧化硫或是用冷凍乾燥的方式處理，得到的是綠胡椒子（Green Peppercorn）。如果整串的胡椒果實中有一粒正要開始變色，這時把整串的胡椒果實摘下，先風乾、或是浸過熱水後再曬乾，那麼得到的是黑胡椒子（Black Peppercorn）。黑胡椒子的表面是粗糙的，有皺紋的，外皮相當硬，氣味雖然辛辣但芬芳。如果當胡椒果實成熟後再摘下，經過二氧化硫或是經過冷凍乾燥的處理，得到的是紅胡椒子（Red Peppercorn）。如果將成熟的紅色胡椒果實浸泡在水裏一個星期，讓果實的外皮剝落，然後再乾燥，剩下的果仁就是白胡椒（White Pepper）。

一般都認為胡椒的香味成份是存在於胡椒子的外皮，而辛辣的成份是存在於果仁部份，因此黑胡椒比較香，而白胡椒比較辛辣。乾燥後的胡椒子大約有 0.35 到 0.5 公分的大小，像一顆綠豆那麼大。磨成粉以後香味很容易散失，所以比較好的使用方式是在用以前再磨碎。這四種不同顏色的胡椒以黑胡椒的使用量最大，主要是做為烹飪用的調味香料，經常添加於加辣的料理裏。最常見的料理可以說是黑胡椒牛排了，在全世界各地的超市裏，幾乎都會販賣黑胡椒牛排醬，另外在所有的餐廳的餐桌上都可以看到與鹽罐子擺在一起的黑胡椒罐。

在中國，黑胡椒也是一種中藥，據說是用於醫治胃寒及食慾不振等腸胃方面的病症。

以前印度是生產黑胡椒最多的國家，現今以越南的出口量最大。另外像是印尼，巴西，馬來西亞，馬達加斯加，斯里蘭卡，泰國及中國都有大規模的栽植，產量也相當大，只是一般還是認為印度特利奇里（Tellicherry）這個地方所產的黑胡椒的品質是最好的。

利用水蒸汽蒸餾的方式可以從磨成粉的黑胡椒裏蒸餾出一種黃綠色的精油，它的味道被描述為是清新的，木質的，辛辣的，它適合添加於東方花香調的香水裏，據說依夫・聖羅蘭（Yves Saint Laurent）公司推出的一款名為「鴉片」（Opium）的經典香水裏就添加了黑胡椒精油。1950 年代以前，在香水裏添加黑胡椒精油並不受到重視，但是自從男人也開始使用香水以後，它的重要性就提高了，似乎在男用香水裏添加黑胡椒精油以增進性感及粗獷的風格成了一種流行。

薑

薑，多麼不起眼的東西，以前在傳統市場買菜，買多了老闆娘還會在籃子裏塞一塊薑，沙密絲（service）一下，沒想到它也會登上香水成份名人錄。不過說真的，好像還沒有多少道好吃的菜餚裏不添加一、二片薑的，更別說那些令人食指大動，口水直流的清蒸海鮮了，著名的西湖醋魚，水煮的白皙魚肉上灑遍薑絲，淋上搭配著鎮江香醋所調出的佐料，那可真的是人間美味，尤其與三五好友踏青郊遊，在臨湖的小館子裏點一道西湖醋魚，配著小酒，淺談清唱，說古道今，那種樂趣盡把榮華富貴拋在腦後。

薑在中藥裏也很重要，常常在燉煎中藥時要放塊薑作為藥引，如果與紅糖一起熬煮就是感冒時常喝的紅糖薑水。在外國，薑似乎是拿來當糖吃的比較多，像是薑汁汽水（ginger ale），薑糖，薑汁啤酒（ginger beer），薑餅屋等等。

薑是薑科（Zingiberaceae）、薑屬的植物，薑科裏大約有 47 個屬，700 多種植物，大部份生長在熱帶或是亞熱帶地區。薑科植物是多年生的草本植物，它們具有根莖，有些是重要的調味料和藥用植物，譬如說薑，薑黃，小豆蔻等。

薑的學名是 *Zingiber officinale*，外國的資料說薑的原產地是在中國的南方，而大部份的中文資料說薑的原產地是在東南亞一帶。現今全世界的熱帶或是亞熱帶地區都有栽植，像台灣就是，而且以前還出口到國外。薑的植株大概可以長到一公尺高，葉子是狹長形，開的是黃綠色的穗狀小花。位於土裏的是它的根莖（rhizome），這個部份就是我們所說的薑。依據根莖生長時間的長短，薑分為嫩薑及老薑，這二者的香味並不一樣。在香水界一般是用水蒸汽蒸餾老薑以獲得薑的精油，它的香味被描述為是在辛辣的木質或是泥土的味道裏帶著像檸檬，胡椒，或是香膏的香味。根據產地，精油的顏色可以是黃色到琥珀色，一般認為從牙買加所產的薑裏蒸餾出的精油的香味是最為精緻。

在調配東方香調的香水時，如果添加點薑精油會增添一種特別的韻味，這種特質沒法被其它的精油所取代，這種效果在調配現代較流行的那種清新但仍帶著性感情調的香水時似乎是特別的明顯，據說卡爾文・克萊因（Calvin Klein）公司在一款名為「誘惑男香」（Euphoria for Men）的清新東方香調的香水裏就添加了薑精油，另外亞曼尼（Giorgio Armani）公司也在一款令女性魅惑的「神祕密碼」（Armani Code）裏添加了清新的薑味去搭配迷人的橙花香。

第十一章 植物性頭前香精油

白居易在〈琵琶行〉裏描述「轉軸撥弦三兩聲，未成曲調先有情」。一位琴藝高超的音樂家在鍵盤上隨意的揮撒三兩下即能顯現其藝術顛峰的境界。同樣的，打開一瓶好的經典香水，淡淡的聞聞就能領略不同香精均衡搭配所顯現的柔和香意，沒有刺鼻的嗆味，沒有突兀的香味，一個層次接著一個層次，一種香味裏又隱含著另一種香味。初聞似乎是檸檬，又似乎夾雜著盛開的橙花，卻又閃爍著茉莉和一點點遙遠而神祕的檀香，真是「間關鶯語花底滑，幽咽泉流水下灘」。

引領著本體香和基礎香進入香味殿堂的是頭前香，它像被釋放的小精靈，舞動著羽翼，穿越水晶雕刻的香水瓶，像優雅的芭蕾舞者，揮舞著小魔杖，敲擊著我們鼻上的嗅蕊，打開通往嗅覺意識的通道，像催眠師，讓我們沉醉。

頭前香的英文名稱是 Top notes，或是 Head notes，或是 First notes。被歸類為頭前香的是些體態輕盈，揮發性大的精油，這些精油都是些我們很熟悉，日常生活常見，而香味單純的精油，這些精油有些是從果皮裏擠壓出來的，像是橘子，檸檬，有些是辛香料，像是茴香，薄荷，有些是木香，像是玫瑰木（Bois de rose）。因此根據精油的香味，頭前香的香味可以分類為柑橘香（Citrus essence），青草香（Herbal scent），茴香（Anise scent），辛香料香（Spicy scent），薄荷香（Mint scent），木香（Woody scent）。

柑橘香

日常生活或是節日慶典時，我們都會吃些水果，像是橘子，柳橙，葡萄柚，柚子等。在植物分類學上，這類水果的植株是屬於雲香科（Rutaceae）、柑橘屬（*Citrus*）的植物。這類水果的果皮上佈滿著許多小小的腺體，這些腺體裏面充滿了像水一樣的油脂，用手指一擠就會擠出許多油水來，這些油水都是有香味的，不同水果的香味還不太一樣，但一般的描述是說它們的香味是有點嗆鼻的（tart），有點綠色植物的味道（green），輕盈的（light），清新的（fresh），因此在香水裏是大量的採用這一類的油脂做為香水的頭前香。除了少部份的柑橘香精油是用蒸餾法獲得的以外，大部份的柑橘香精油都是用擠壓的方式將果皮裏的油脂與果皮汁一起擠壓出來，然後再利用油水分離的技術把精油分裏出來。除了佛手柑精油會再進行純化的工作以去除裏面所含的光敏感物質以外，其它的精油都是可以直接調進香水裏的，這類的精油包括了苦橙油（Bitter orange oil），甜橙油（Sweet orange oil），血橙油（Blood orange oil），橘子油（Tangerine oil），葡萄柚油（Grapefruit oil），檸檬油（Lemon oil），萊姆油（Lime oil）。

苦橙

我們在前面的章節裏曾經討論過苦橙這種植物，這種植物的學名是 *Citrus aurantium var. amara*，這種植物的整個植株都有香味，利用水蒸餾的方式可以從苦橙樹所開的花裏蒸餾出苦橙花精油（Neroli oil），分離出來的蒸餾水含有相當多的香味成份，這種分離出來的蒸餾水叫做橙花水，用溶劑可以從苦橙樹所開的花裏萃取出凝香體及原精。

利用水蒸汽蒸餾的方式可以從苦橙樹的樹葉，嫩芽，嫩枝裏蒸餾出一種英文名稱為 Petitgrain 的精油，一般的中文資料稱它為卑檸油，或是叫作苦橙葉精油。最早這種精油是從苦橙的果實裏蒸餾出來的，當苦橙樹所結的果實還未成熟仍是綠色的時候就被摘下來，這時的果實還是小小的，利用水蒸汽可以蒸餾出這種果實的精油，法國人稱這種未成熟的果實為 Petit grain，它的原意是小的果實（small grain or fruit）。但是用這種方式去取得卑檸油似乎不太划算，因為把未成熟的果實摘下來以後就再也沒有成熟的果實了，也就沒有成熟的果實的果皮可以去榨取苦橙皮精油，因此後來慢慢的變成了從苦橙樹的樹葉，嫩芽，嫩枝裏蒸餾出精油，這種精油的味道與從未成熟的果實裏蒸餾出來的精油的味道很近似，因此這種從苦橙樹的樹葉，嫩芽，嫩枝裏所蒸餾出來的精油也叫做 Petitgrain。

根據產地及蒸餾的條件，卑檸油的顏色可以是從淺黃色到琥珀色，它們的味道被描述為是清新的，就像是苦橙花的味道，但還帶著點木質的、青草的味道，這種香味同樣的能令人感覺愉悅及舒暢，只是卑檸油的味道相當強烈，很容易遮掩掉其它香味較為清淡的花香味，所以在香水裏的添加量都不大。另外從其它的柑橘屬植物的樹葉，嫩芽，嫩枝裏也可以蒸餾出精油，這些精油也叫做卑檸油，但通常會附加上其它柑橘屬植物的名稱，像是 Petitgrain Mandarin Oil。

利用擠壓的方式可以從成熟的苦橙果實的果皮裏壓榨出一種深黃色的苦橙皮油，它的英文名稱是 Bitter Orange Peel Oil。這種苦橙皮油的味道是相當奇特的，它的味道被描述為是清新的，帶著像葡萄柚的那種苦味，但又有花香般的甜味。另外也可以利用水蒸汽蒸餾的方式從苦橙果實的果皮裏蒸餾出精油來，但是這種精油的品質不如以擠壓的方式擠出的苦橙皮油，所以在香水界裏使用的不多。

苦橙的法文名稱是 Bigarade，通常法國所產的苦橙花精油，苦橙花原精，卑檸油，苦橙皮油都會標上 Bigarade 這個名稱，藉以表示它們是從學名為 *Citrus aurantium var. amara* 這種苦橙植物裏提煉出來的。

佛手柑

佛手柑油（Bergamot Oil）大概是柑橘屬裏最重要的果皮油了，因為許多的香水裏都添加有佛手柑油的。佛手柑是屬於酸橙類，通常是沒有人吃這種佛手柑的果實，至於苦橙倒還有人吃，只是要做成果醬或是加上許多的糖。

根據植物家的考證，佛手柑可能是苦橙和檸檬的雜交種。有的資料說這種植物最早是生長在西班牙的加那利群島（Canary Islands），後來被移植到義大利南部的卡拉布里亞（Calabria）一帶。自十八世紀起，卡拉布里亞就以生產佛手柑油聞名於世，雖然法國及非洲的象牙海岸一帶都有栽植，但是品質仍以義大利所產的最好，而卡拉布里亞栽植佛手柑的唯一目的就是要榨取佛手柑油。不過有的資料說佛手柑油最早是在義大利北部的倫巴底（Lombardy）省的貝加莫（Bergamo）販售的，這也是 Bergamot 這個名稱的源起。

佛手柑這種植物的學名是 *Citrus aurantium var. bergamia*，它長的不是很高，可能只有五公尺高。開的花也很香，但比較小。果實有點像梨，有一端是比較突出。果實成熟後是黃色的，然而神奇的是有的資料說當佛手柑的成熟果實摘下來以後，它又會變成綠色，不過一般佛手柑油是從那些很苦很酸還沒成熟的綠色果實的果皮裏擠壓出來的。佛手柑油是一種翠綠色的液體油，它的味道被描述為是清新的柑橘味，但還帶點檸檬及花香的味道，聞了之後會讓人感覺很舒暢，據說可以減輕精神上的焦慮情緒。它的味道不是很強烈，不會掩蓋掉其它的香味，因此在某些香水裏會把它的添加量提高到百分之二十以上。在調配柑苔香調及馥奇香調的香水時，佛手柑油是調配這類香水不可或缺的主要成份。另外佛手柑油搭配苦橙花，玫瑰花，薰衣草，卑檸油這一類的精油更是配製科隆水的基本組成。

但是佛手柑油有個缺點，它含有一種叫做佛手柑烯（Bergaptene，或是叫做香柑油內酯）的光敏感物質，當照光以後，這種光敏感物質會引起皮膚的過敏，嚴重的會造成皮膚的紅腫，因此現今調配香水時都是使用那些已純化過，含佛手柑烯較少的佛手柑油，一般這樣的商品都會標示「無佛手柑烯」，或是標示 Bergaptene free，或是只標示 BF。一般的純化步驟是採用蒸餾的方式，得到的精油是非常淡的淺黃色，甚至於是無色的，當然經過蒸餾這個純化的步驟以後，佛手柑油的香味會損失一些。

葡萄柚

曾經有很長的一段時間，葡萄柚這種植物對植物學家來說是很神祕的，因為它似乎是突然出現的。大約在 1693 年的時候，英國有一位叫 Shaddock 的艦隊指揮官把柚子的種子從印度帶到了西印度群島一帶，從此東方的柚子就在美洲大陸落地生根，為了紀念這位船長，英國人把柚子叫成 shaddock，但也有的叫柚子為 pummelo，或是叫 pomelo。

柚子也是柑橘屬的植物，它結的果實大概是柑橘屬裏體形最大的，因此柚子的學名被命名為 *Citrus maxima*，或是 *Citrus grandis*。

西元 1750 年，有一位在中南美洲巴貝多（Barbados）傳教的英國牧師葛里菲斯・休斯（Griffith Hughes）寫了一本與巴貝多當地植物有關的書，書名是《The Natural History of Barbados》，這本書第一次記載了葡萄柚這種植物，因為這種植物的果實非常的酸，也非常的苦，所以沒有人吃，休斯稱這種果實為「被拒絕的果實」（forbidden fruit of Barbados）。巴貝多是中美洲東加勒比海一帶的島國，位於南美洲最北邊的委內瑞拉的北方，距離委內瑞拉大約五百公里。

西元 1837 年，有一位名叫詹姆斯・麥克費迪恩（James MacFayden） 的植物學家在離巴貝多不遠的牙買加島上的柚子園裏看到了葡萄柚，當時，麥克費迪恩以為葡萄柚是從柚子突變來的，也就是說葡萄柚是從天上來的，因此麥克費迪恩就把葡萄柚的學名給命名為 *Citrus paradisi*，也有的資料寫成 *Citrus paradisii*。

大約過了一百多年，在 1948 年時，一些專門研究柑橘屬植物的園藝學家們重新檢視了葡萄柚來源的可能性，根據葡萄柚的外型及它的味道，他們的結論是認為葡萄柚不是從柚子突變來的，葡萄柚應該是柚子與甜橘的雜交種。葡萄柚這個名稱是翻譯自英文的 grapefruit，而 grapefruit 這個英文名稱暗示的是葡萄柚的果實是像葡萄一樣成串的長在葡萄柚的樹上。

葡萄柚是亞熱帶的植物，長的也不是很高，大約有五、六公尺高。它是常綠的植物，葉子長長的，開的花是白色的，大小約有五公分，有四個花瓣。果實成熟以後果皮會變黃，裏面的果肉原來也是黃的。在以前是沒有人吃葡萄柚的，但是經過人工的栽培及改良，葡萄柚的風味變得能被人接受。從十九世紀末開始，葡萄柚慢慢變得流行起來，尤其是美國的德州及佛羅里達州更成了生產葡萄柚最多的地區，當然現今全世界許多地方都有栽種，而且也有許多的變種，果實及果肉的顏色也有了變化。雖然美國仍然是生產葡萄柚最多的國家，不過有人認為以色列所產的葡萄柚的品質是最好的。

從葡萄柚的果皮裏能擠壓出一種淺黃色、或是琥珀色的葡萄柚油（Grapefruit Oil），它的味道被描述為是像柑橘的味道，在香水界裏，它算是一種比較新穎的果皮油，通常會與羅勒，薰衣草，或是依蘭-依蘭這些精油搭配著使用。

甜橙

相對於從苦橙（*Citrus aurantium*）擠出來的果汁，甜橙（sweet orange）的果汁是甜的，是爽口的，甜橙的學名是 *Citrus sinensis*。

甜橙的原產地是在亞洲的南部，像是印度，巴基斯坦，越南及中國這些地區。大約是在十五世紀的時候，葡萄牙人把甜橙從印度移植到歐洲，然後是哥倫布將它帶到了西印度群島。西元 1513 年，再由西班牙人帶到了美國的佛羅里達州，現今美國是生產甜橙最多的國家。

根據植物學家們的推測，甜橙很可能是柚子（*Citrus maxima*）和橘子（*Citrus reticulata*）的雜交種。它可以長到十公尺高，開的是白花，花很香，利用水蒸餾的方式可以從甜橙花裏蒸餾出甜橙花精油，它的香味不如苦橙花精油來的精緻，商業上稱甜橙花精油為 Neroli Petalae，而苦橙花精油是叫做 Neroli Oil。甜橙花精油比較便宜，因此常被攙混在苦橙花精油裏，借以矇騙較大的利潤。

用擠壓的方式可以從甜橙的果皮裏擠壓出甜橙皮油，甜橙皮油也叫做甜橙油，它的英文名稱是 Sweet Orange Oil。根據生產甜橙的地區，有的甜橙油是淺黃色的，有的是橘黃色的，但都帶有柑橘的香味。許多知名的香水常將甜橙油與佛手柑油一起搭配著使用，資料上說克莉絲汀迪奧公司（Christian Dior）就在一款名為「毒藥」（Poison）的東方花香調香水裏將甜橙油搭配著橘子油及佛手柑油做為頭前香的一部份。

血橙

在台灣，柳橙又叫做柳丁。大體上柳橙分為苦橙及甜橙，甜橙又分為普通的臍橙（navel orange），血橙（blood orange），無酸橙（acid less orange），圓形甜橙（round orange）。這四類的甜橙又因栽培條件的差異及人工的育種而產生了許多不同的變種，這種因人為的栽培而產生的變種在英文裏是叫做 cultivar。

血橙是翻譯自英文的 blood orange，這是因為它的果肉裏含有花青素（anthocyanin），所以果肉的顏色是紅色的，但是這種紅色的色澤會因為土壤，氣候等等的因素而有變化，有時甚至於會產生完全沒有色澤的果實。

資料上記載，最早的血橙是 1850 年出現於義大利的西西里島（Sicily）。幾乎有一個世紀，世界上只有義大利和西班牙有血橙這種甜橙。目前血橙有三個栽培種，第一種是塔羅科血橙（Tarocco blood orange），它的學名可以寫成 *Citrus sinensis cv. Tarocco*，這種血橙的主要栽種地區是在義大利，它的果實比較大，風味濃郁，果肉的顏色比較淺，它是最甜、風味最好的血橙。第二種是西班牙血橙（Sanguinelli blood orange），它的學名可以寫成 *Citrus sinensis cv. Sanguinelli*，它是 1928 年被發現於西班牙。它的主要栽種地區是西班牙，果實的形狀像雞蛋，果肉的顏色是鮮紅色的。第三種是摩洛血橙（Moro blood orange），它的學名可以寫成 *Citrus sinensis cv. Moro*。這種血橙是最晚被培育出來的，主要的栽種地區是在美國加州的聖地牙哥，它的果肉是深紅色的，幾乎接近於紫紅色，它的風味非常的好，帶著木莓（raspberry）的味道。

從血橙的果皮裏可以擠壓出血橙油（Blood Orange Oil），它是深橘紅色的液體，帶有柑橘的香味，有的資料描述說它還帶有木莓和草莓的味道，它與薰衣草，迷迭香，依蘭-依蘭，丁香，肉桂這些精油都能搭配的很好，但可能是因為它的顏色太深了，當調配透明無色的香水時會產生困擾，因此在經典香水裏使用的不是很多。但在新一代，標榜清新自然、充滿活力氣息的香水是不太在乎香水的顏色，像是法國鱷魚牌（Lacoste）這家服裝公司曾經推出一款名為「粉紅觸感」（Touch of Pink）的香水，據說在這款香水裏就添加有血橙油。

橘子

初中唸英文時，唸到 orange，老師說 orange 是橘子，想像中這種「橘子」應該是我們說的那種容易剝皮，而且可以一瓣一瓣撕開來吃的橘子。後來到了美國，在超級市場看到標示為 orange 的水果不是我們熟悉的橘子，反而是像柳橙，只有標示為 mandarin 的水果才比較像我們說的橘子，而那些 mandarin 的果皮比較薄，果實也比較小。另外那些標示為 mandarin 的橘子，也會隨著產地的不同，外型也還是會有些差異。其實 mandarin 是 mandarin orange 的簡寫，它的原產地是在中國，所以冠上了 mandarin 的稱號。後來又看到了另外一種標示為 tangerine 的橘子，這種橘子的果皮比較厚，果實也比較大。同樣的，隨著產地的不同，tangerine 的外型也還是有些差異。

翻查有關的資料，有的說 mandarin 和 tangerine 指的都是橘子，只是不同的稱呼而已，但也有的資料說它們是不同類的橘子，不過它們的學名都是 *Citrus reticulata*。商業上標示為 mandarin 的橘子多是扁圓形的，果皮的顏色是黃色的或是淺橘色，而 tangerine 的外型以球型及圓錐型的為多，果皮的顏色是比較深的橘紅色。

從 mandarin 和 tangerine 的果皮裏都能擠壓出橘子油來，不過一般都會標示到底是來自於 mandarin，或是來自於 tangerine，這二種橘子油都帶有甜甜的柑橘味道，有的資料描述說 tangerine 橘子油還帶點檸檬的味道，它們常與佛手柑油搭配以增進香水的甜味。

檸檬

在台灣看慣了綠色的檸檬，以為檸檬就是綠色的，但是到了國外一看，怎麼國外的檸檬是黃色的，後來查資料才知道大多數的檸檬都是黃色的，台灣是很少數有綠色檸檬的地區。

檸檬的學名是 *Citrus medica var. limonum*，而學名為 *Citrus medica* 的這種植物所結的果實在中文裏是叫做枸櫞，它的英文名稱是 citron。根據資料上的記述，枸櫞長的有點像滿臉疙瘩的檸檬，比檸檬大一點。在英文裏，檸檬是叫做 lemon，它的原產地到底是在那裏至今仍然是個謎，有的資料說檸檬的原產地可能是在印度北部一帶的山谷。大概是在十世紀的時候經由阿拉伯傳到了地中海附近的地區，然後再移植到義大利的西西里島及西班牙，哥倫布發現美洲新大陸之後，把檸檬帶到了加勒比海的海地，然後西班牙人再把檸檬移植到美國，現今美國的加州及亞利桑納州是世界上生產檸檬最多的地區，另外義大利，希臘及西班牙這些國家的產量也很大。

檸檬是非常不耐寒的植物，它只能生長在熱帶及亞熱帶的地區，植株大約可以長到三、四公尺高，開的花相當美麗，有四到五個花瓣，花有香味。花的正面是白色的，背面是紫色的，因此整朵花看起來是淡紫色的。檸檬的果皮上有許多的油胞（Oil glands），裏面充滿了油脂，通常是利用擠壓的方式把檸檬油（Lemon Oil）擠出來。

檸檬油是一種淡黃色的液體，帶有甜甜的檸檬香味，一般認為義大利西西里島及卡拉布里亞（Calabria）產的檸檬油的香味最精緻，它的香味被描述為是清新的、活潑的，通常會與佛手柑，玫瑰草，天竺葵，快樂鼠尾草這些精油搭配著使用。另外某些花香調的香水會添加點檸檬油以增進香水的活潑清新氣氛，譬如說卡夏爾（Parfums Cacharel）香水公司為吸引年輕的消費者調配了一款清新但具有浪漫氣氛的花香調香水「安湼斯」（Anaïs-Anaïs），據說在這款香水裏就添加有檸檬油。但是檸檬油有一個缺點，那就是它很容易因氧化而酸敗，因此當保存檸檬油時是須要將它與空氣隔絕，現今較多的香水是採用萊姆油以取代檸檬油，藉以降低這個問題的困擾。

萊姆

剛到國外時，在超級市場看到的檸檬都是黃色的，有時會看到些像台灣的那種綠色檸檬，但標示的名稱卻是 lime，查字典說是萊姆，而且說某些雞尾酒裏常會加些萊姆汁，好奇之下買了一個來嚐嚐，酸酸的，味道不如檸檬那麼香。

其實有好幾種柑橘屬植物所結的果實都叫做 lime，基本上它們都不大，大約有三到六公分的大小，一般都是圓形的，有的在果實的一頭會有像檸檬一樣的突起，成熟時果皮會變成黃顏色，但是通常是在還沒有完全成熟時就被摘下來，因此在超級市場所見的萊姆大部份是綠色的。

根據資料的記載，有一種萊姆的學名是 *Citrus aurantifolia*，也有的資料把這種萊姆的學名寫成 *Citrus medica var. acida*。這種萊姆是熱帶地區的植物，它不耐寒冷的氣候，它的原產地到底是在那裡至今也仍是一個謎，有的資料說它的原產地可能是在馬來西亞及印尼這一帶，後來經阿拉伯傳到了地中海附近的地區，但沒有成功，反而是在埃及落地生根。後來西班牙人把萊姆移植到加勒比海的西印度群島，然後再移植到美國的佛羅里達州。

二十世紀初，因為一場颶風，佛羅里達州的萊姆園都被摧毀了，因此有人就開始在佛羅里達州外海的一些珊瑚小島上種植萊姆。在美國，這些佛羅里達州外海的珊瑚小島叫做 Florida Keys，因此這種萊姆就叫做 Key lime，這個名稱在中文裏好像還找不到適當的翻譯，不過這種萊姆還有另外一個名稱叫做 Mexican lime，這個英文名稱就比較好翻譯了，叫做墨西哥萊姆。這種萊姆比較香，從它的果皮裏可以擠壓出萊姆油（Lime Oil），這種萊姆油的顏色是淺綠色的，它的味道被描述為是在類似於柑橘，或類似於檸檬的味道裏帶著點香豆素的香味。

但是因為這種利用擠壓方式所得到的萊姆油裏含有些光敏感的化合物，因此不太適合用於調配白天使用的香水。不過這種萊姆油的產量也不多，因為一般種植萊姆的目的是要獲得萊姆的果汁，不太有人專門為了獲得萊姆油來種植萊姆，而一般榨取萊姆果汁的方法是把整個萊姆放在擠壓機裏連皮一起壓，因此果皮裏的萊姆油也就隨著萊姆果汁一起給榨出來了。雖然理論上萊姆油是會漂浮到果汁液的最上層，但是因為萊姆果汁酸性化合物的作用，榨出來的萊姆油是成乳化狀的，很不容易利用簡單的機械操作將萊姆油分離出來，因此一般都是把最上層含萊姆油較多的果汁分出來，然後再用水蒸餾的方式將萊姆油蒸餾出來。利用水蒸餾所獲得的萊姆油的顏色是白色的，它的香味不如利用擠壓方式所得到的萊姆油，但是這種萊姆油不含具有光敏感性的化合物，因此一般調配香水時是採用這種萊姆油，主要的目的是用來取代檸檬油。

說到萊姆的學名 *Citrus medica var. acida*，那我們就要提一提一種學名為 *Citrus medica var. sarcodactylus* 的植物，這種植物所結的果實有個英文俗名是 Buddha's Hand Citron，中文叫做佛手，它的樣子好像是一個檸檬配上了八爪章魚的觸角。佛手很香，擺一顆在室內，會滿室生香，在中國，長久以來就是一種吉祥的象徵。

佛手的果皮可以作為調味料，它也是一種中藥，同樣的也可以從佛手的果皮裏擠壓出一種液體的香油來，但是這種香油在香水界裏使用的不多，不像另外一種學名為 *Citrus aurantium var. bergamia* 的佛手柑，從這種佛手柑的果皮裏擠壓出的佛手柑油（Bergamot Oil）在香水界裏是一種非常常用的精油。

茴香

中國食物的烹調方法可分為煎，煮，炒，炸，燉，滷，在這些不同的處理方式上，使用香料最多的大概非「滷」莫屬了。滷味食物是大量的採用了八角，花椒，茴香，桂皮，甘草這些香料，同樣的在香水界也會使用從這些香料裏所蒸餾出來的精油。在這些香料裏，甘草的香味是很獨特的，它的香味被描述為是清甜的，這種香味也被描述為是茴香味，具有這種香味的香料有大茴香，小茴香及八角。在亞洲國家裏，對大茴香，小茴香這二種香料的定義並不是很明確，有時通稱它們為茴香，甚至也有些資料指的這二種香料是完全顛倒的，因此要能比較明確的辨識是那一種香料，最好的方法是看香料的來源是那一種植物。

大茴香

大茴香也叫做洋茴香，它的英文名稱是 anise，或是叫做 aniseed。大茴香是繖形科的植物，結的果實像種子。在中文裏，大茴香也叫做茴芹，它的學名是 *Pimpinella anisum*。它的原產地是在地中海附近的埃及，希臘，黎巴嫩和土耳其，但現今，全世界，北從蘇俄，南到智利，東起中國，西至墨西哥、美國都有栽種，但一般認為西班牙的大茴香的品質是最好的。茴芹的屬名 *Pimpinella* 在中文裏的名稱是茴芹屬。

茴芹是一年生的草本植物，葉子像芹菜的葉子，是羽狀葉，葉子有香味。植株大約可以長到六十公分高，開的是白色的傘形花，會結出褐色的果實，這種果實叫做大茴香，它的外表像是帶著小梗的穀粒。

大茴香的味道被描述為是像甘草的味道，但帶點芳香的甜味，有的資料說它還帶點水果味或是帶點樟腦味。亞洲人比較少用這種香料，但是歐洲人用的就多了，尤其是法國人，葡萄牙人和義大利人使用的最多。大茴香磨成粉以後可以撒在甜點上，或是加在餅乾裏，或是加到咖啡裏。有的是直接加入大茴香油（Anise Oil），但是最近的研究顯示大茴香油似乎有毒，因為實驗顯示它會引發癌腫瘤，因此在某些國家，大茴香油是列入管制的。

大茴香油是利用水蒸汽從大茴香裏蒸餾出來的精油，它的顏色是淺黃色的，大茴香油的味道與大茴香一樣，主要都是甘草的味道，這是因為大茴香油裏的主要成份為茴香醚（anethole），大約會占到百分之九十以上，茴香醚的味道就是甘草的味道。

許多著名的東方花香調的香水裏都可以發現大茴香油的蹤跡，像是嬌蘭（Guerlain）公司那款著名的「藍色時光」（L'Heure Bleue），伊莉莎伯雅頓（Elizabeth Arden）公司推出的「紅門」（Red Door）據說都添加有大茴香。就是在男士用的香水裏也常見它的蹤影，像是范倫鐵諾公司（Valentino）推出的「非常范倫鐵諾男香」（Very Valentino pour Homme），古馳（Parfums Gucci）公司推出的「妒嫉男香」（Envy for Man）裏都有大茴香，當然在這些香水裏，大茴香油的添加量都不是很多。

小茴香

小茴香的英文名稱是 fennel，在中文裏就稱為茴香，但也有的稱它為蘹香，或是香絲菜，顧名思義，這種植物的葉子是細細長長的，像髮絲一樣，有香味，在歐洲常用於做為調味料。

小茴香是繖型科、小茴香屬裏一種學名為 *Foeniculum vulgare* 的植物所結的果實，但這種果實像穀粒一樣，小小的，成熟曬乾了後像是大茴香，但有意思的是小茴香的果粒比大茴香的果粒大。淺棕色的殼皮帶點綠顏色，一般認為帶有綠顏色的小茴香的品質比較好。小茴香的原產地可能是在地中海附近的地區，但現今全世界許多的國家都有種植，而在歐洲地區的荒郊野外是到處都可以看到這種野生的小茴香。

小茴香是多年生的草本植物，可以長到二公尺高，夏天的時候在植株的頂端開出黃色的圓形小花，這些小花聚生成像雨傘一樣的形狀，果實成熟後是卵狀的長圓型，但有些稍彎曲。果實有一種稱之為茴香的特殊芳香氣味，據說這種香味能驅除各種的臭氣使之重新添香，所以叫做茴香。

小茴香長久以來就是一種很重要的調味香料，在中國主要是用來燉肉，但是小茴香很少單獨使用，通常是與肉桂，荳蔻，八角，花椒，陳皮，丁香這些香料搭配著使用，在歐洲則是在烹調魚類時添加小茴香。印度人除了常在咖哩裏添加小茴香之外，據說還把小茴香烤香了，在飯後吃一小口以消除口臭。

根據資料上的記載，小茴香植株的葉子有綠色的和紫銅色二種，而綠色的小茴香又有許多不同的變種，但主要的有三種，一種叫做苦茴香（Bitter fennel），它的學名是 *Foeniculum vulgare var. vulgare*，這種小茴香在歐洲南部及中部地區的野地裏是常見到的，從苦茴香的植株及果實裏蒸餾出來的苦茴香精油（Bitter fennel oil）含有百分之二十的小茴香酮（Fenchone），小茴香酮的化學結構與樟腦很相像，味道也很類似，一般認為這種苦茴香精油的香味品質是比較差的，如果塗抹在皮膚上常會引起過敏，因此在香水裏是不用這種苦茴香精油的。

第二種小茴香的學名是 *Foeniculum vulgare var. azoricum*，這種小茴香叫做佛羅倫斯茴香（Florence fennel），有的資料稱這種小茴香為甜茴香（Sweet fennel）。這種佛羅倫斯茴香在歐洲及美國是一種很重要的蔬菜，它的吃法跟芹菜一樣，它的葉子和莖都可以作為沙拉的配料，葉子很香，常用作為醃漬食物的香料，它的種子也是一種很重要的香料，磨成粉以後廣泛的應用於各種食物的烹調上。

第三種小茴香的學名是 *Foeniculum vulgare var. dulce*，它也叫做羅馬茴香（Roman fennel），大部份的資料是稱這種變種的小茴香為甜茴香，因此當看到「甜茴香」這個名稱時要注意它的來源是小茴香的那一個變種。香水界使用的甜茴香精油是從這種小茴香果實裏蒸餾出來的。

羅馬茴香的果實成熟以後，摘下來曬乾，磨成粉，然後再用水蒸汽蒸餾可以蒸餾出小茴香的精油。市面上還有另外一種小茴香精油是從小茴香植株裏蒸餾出來的。當小茴香的果實快要成熟時，把包括果實在內的植株上半部都採收下來，然後用水蒸汽蒸餾出它們的精油。

這二種小茴香精油都叫做甜茴香精油（Sweet fennel oil），它們都是白色的或是淺黃色的黏稠液體，當溫度很低的時候會變成固體。它們的味道都帶有大茴香的甘草味，但是甘草味沒有那麼濃，這是因為它們所含的茴香醚只有百分之六十左右，它們所含的小茴香酮也是不多，一般認為這些甜茴香精油的香味品質是很好的。當然從成熟的小茴香果實裏蒸餾出來的精油與從植株部份蒸餾出來的精油是有些差異，這種差異是來自於植株不同部位所含的化學組成的差異，一般認為從成熟曬乾後磨碎的果實裏蒸餾出來的精油的香味品質是較勝一籌。這種小茴香精油的香味被描述為是在甘草的味道裏帶點花香味，或是帶點青草味及辛香味，通常這種小茴香精油會與天竺葵，玫瑰花，薰衣草，檀香之類的精油搭配著使用，但是在經典香水裏使用的不多。比較常用的是用於調配男士用的香水，資料上說高田賢三香水公司（Parfums Kenzo）在 1991 年推出的一款名為「風之戀」（Kenzo pour Homme）的男用香水裏就添加了些小茴香精油。

八角

如果是喜歡烹調食物的，可能沒有人沒用過八角的，不論是滷肉，或是燉雞，都會放點八角這種香料，它不但能去腥，更能增添食物的香味，不過通常也是搭配著其它的香料，或是料酒一起使用。

八角這種香料可說是東南亞及東北亞這一帶地區人民的最愛，而歐美人士使用的就比較少了，這可能與八角的原產地是在中國的南方及越南這一帶有關。

八角是八角茴香科（Illiciaceae）、八角屬裏學名為 *Illicium verum* 的植物，它的果實曬乾了以後是像海星一樣的呈現放射狀的星形，絕大部份的果實都有八個角，所以叫做八角。

八角這種植物是常綠的小喬木，大約可以長到十到十五公尺高，它開的花很像玉蘭花，只是花的被片比較多，可能有七到十二個，根據資料上的描述，花的顏色是淺黃白色或是淺綠色，但也有的資料說有的花還帶點淺粉紅色的色澤。當果實逐漸成熟時，果實的顏色會從綠色轉變為紅褐色，果實成熟後會從一條腹縫線處裂開，這種果實在植物學上的名稱是蓇葖果。蓇葖果在發育的過程中，在心皮癒合的地方會形成腹縫線，在腹縫線的對側則形成背縫線。果實成熟了以後，會由腹縫線或是由背縫線的一側裂開，彈出種子。而八角是由八個心皮，或是說由八個果實連著生在同一個果蒂上，這種形式的蓇葖果叫做聚合蓇葖果。另外與蓇葖果類似的果實是我們非常熟悉的豆科植物，豆科植物結的豆莢是叫做莢果，這種莢果的果實成熟以後，背面及腹部的二條縫線是同時裂開的。

八角的味道被描述為是像茴香一樣的帶著甜甜的甘草味，這是因為八角裏也含有大量的茴香醚，也可能是這個原因，英文裏，八角的名稱是 Star anise，因此有的中文資料稱八角為八角茴香。另外也可能是因為中國人在燉滷食物時會大量的使用這種八角，所以在英文裏也稱這種八角為 Chinese star anise。

利用水蒸汽蒸餾的方式可以從曬乾的八角裏蒸餾出八角茴香精油（Star anise oil），它是一種淺黃色的黏稠液體，當溫度很低的時候，會變成固體。八角茴香精油含有百分之九十到百分之九十五的茴香醚，只是另外含量不多的成份卻決定了八角茴香精油的品質，它的味道被描述為是像大茴香精油，在濃郁的甜甜甘草味裏帶著點木質的味道，在香水裏是可以取代大茴香精油的角色，只是它的味道相當濃郁，所以它的添加量是很少的。它常與香草，薰衣草，檀香，及木質香調，或是辛辣香調的精油搭配著使用於調配男士用的香水，像是伊夫・聖羅蘭（Yves Saint Laurent）香水公司在 1995 年推出的「鴉片男香」（Opium pour Homme）及在 2003 年推出的「左岸男香」（Rive Gauche pour Homme）裏，據說都添加了八角茴香精油。

最後我們要討論一下一種叫做日本八角茴香（Japanese star anise）的東西，這種八角是學名為 *Illicium anisatum* 的植物所結的果實，這種日本八角茴香的植株及曬乾的果實都和學名為 *Illicium verum* 的中國八角很類似。根據資料上的記載，日本八角茴香的果實曬乾了以後只比中國八角小一點，香味淡一點，如果混在中國八角裏是很難分辨出來的。根據資料上的記載，這種日本八角茴香在日本是用來做為燻燒用的香料，它不能做為料理食物用的香料，因為在這種日本八角茴香裏含有一種莽草毒素（Anisatin），如果誤食了這種日本八角茴香會造成腎臟、尿道、消化系統器官的發炎。

辛香料香

辛香料香調的英文名稱是 Spicy scent。Spicy 這個字所描述的應該是帶有點辛辣味的香料，像是辣椒之類的香料。但是歸類於我們要討論的這個辛香料香調的精油卻不是從帶著辛辣味的香料蒸餾出來的，而是從烹調食物用的辛香料裏萃取出來的，所以在這裏是把 Spicy scent 給翻譯成辛香料香。其實茴香及薄荷香都可以歸類到辛香料香，只是它們的香味比較特殊，所以將它們分開來討論，把香味不太像茴香或不像薄荷香的，都把它們歸類到辛香料香，當然能列入到這個標題下的精油是很多的，我們只能挑一些比較重要的來討論。

小荳蔻

年輕的時後看小說，常常看到描述少女是「荳蔻年華」，但坦白的說，自己還真的弄不清楚什麼是荳蔻年華，後來在網路上看到一篇報導說荳蔻年華指的是十三、四歲的女孩，而且說這句成語是出自杜牧寫的〈贈別〉這首詩，「娉娉嫋嫋十三餘，豆蔻梢頭二月初，春風十里揚州路，捲上珠簾總不如」。

荳蔻也可以寫成豆蔻，它的英文名稱是 Cardamom，它是一種很昂貴的香料，有的資料說它是香料之后（Queen of Spices），說它是僅次於藏紅花（Saffron），香草（Vanilla）之後第三昂貴的香料。以荳蔻或是 Cardamom 為名的植物或是辛香料是有好幾種，它們都是屬於薑科的植物。

香水界裏所用的荳蔻也叫做小荳蔻，它是薑科（Zingiberaceae）、小荳蔻屬的植物，它的學名是 *Elettaria cardamomum*，通常英文裏的 Cardamom 指的就是這種植物的種子。另外它也叫做綠荳蔻（Green cardamom），或是叫做錫蘭荳蔻（Ceylon cardamom），也有的資料稱它為天堂穀粒（Grains of

Paradise）。荳蔻是多年生的草本植物，可以長到三公尺高。葉子是狹長的矛尖形，大約有五十公分長，葉子是深綠色的，具有刺鼻的辛香味。具有像薑一樣的根莖，它的根莖也有香味，也如同薑一樣可以從它的根莖裏蒸餾出精油來，不過香水裏所用的小荳蔻精油是從它的種子裏蒸餾出來的。

小荳蔻開的是穗狀花序的白花，花的中間有藍紫色的條紋，花瓣的邊緣帶點黃顏色。整個花莖是直接從小荳蔻的根莖長出來的，花謝了以後長成一到二公分長的黃綠色豆莢，不同變種的小荳蔻的豆莢形狀是有點不同，但麻煩的是小荳蔻變種的名稱是根據小荳蔻種植的地區來命名的。一種常見的小荳蔻是生長在印度西南方的馬拉巴（Malabar），這種小荳蔻的豆莢是短圓型的，帶有芳醇的香味，有的資料說這種小荳蔻的品質是比較好的。另外一種是生長在印度的邁索爾地區，邁索爾的小荳蔻的豆莢是像三角稜柱體，具有三個側面，這種小荳蔻的味道比較刺鼻，但是產油量比較高，所以在香料市場上是比較重視這種小荳蔻。

一般小荳蔻的豆莢裏含有八到十六顆的種子，種子成熟以後是棕黑色的，具有強烈的辛香味，但是當種子被剝下後，它的香味很快的就會消退，所以通常都是連著豆莢一起賣，等到要用時再把種子剝下來，但是瓜地馬拉外銷的小荳蔻卻是去殼的。

小荳蔻（*Elettaria cardamomum*）的原產地可能是在印度南部靠近印度洋一帶的山區，適合栽種小荳蔻的地區是海拔八百到一千三百公尺的熱帶雨林區，雖然至今印度仍是種植小荳蔻最多的國家，但是因為小荳蔻是印度食物裏一種很重要的香料，在印度自己用都不夠，所以很少外銷。

反而是位於中南美洲的瓜地馬拉是小荳蔻的主要出口國，這是因為在 1914 年，德國人把小荳蔻移植到中南美洲的瓜地馬拉，而瓜地馬拉的土壤及氣候非常適合小荳蔻的生長，因此就像咖啡一樣，小荳蔻成為瓜地馬拉這個國家的一種很重要的經濟農作物。但它的主要外銷地區是中東的阿拉伯國家，阿拉伯人認為小荳蔻具有催情及保健的功效，他們常將小荳蔻和咖啡豆混在一起烘焙用來招待客人，因為阿拉伯人認為這是一種很尊貴的飲料。另外北歐一帶的國家也很喜歡小荳蔻，常在烘焙麵包，或是製作糕餅時添加小荳蔻，就因為這樣，所以優等品質的小荳蔻都被拿去作為食用香料，只有那些品質不好的小荳蔻才會拿去萃取精油。

利用水蒸汽蒸餾的方式可以從小荳蔻的種子裏蒸餾出一種淺黃色的液體精油，根據資料上的描述，它具有芳醇的辛香味，但還帶有木質的香膏味道。比較特殊的是它還帶點尤加利精油的味道，它會賦予玫瑰花香，茉莉花香，鈴蘭香，東方香調，柑苔香調等許多香水一種很特殊的風味，這種風味不能從尤加利精油獲得，因為尤加利（Eucalyptus，桉樹）精油的味道太過濃郁，當加在香水裏時會把其它的香味都蓋下去了，所以雖然尤加利精油在芳香按摩療法裏是很重要的，但在香水界裏卻很少使用。如果想要列表去看看有那些香水裏是添加了小荳蔻精油，那麼列出來的可會是一大串，數都數不完，光是從 2000 年到 2005 年之間所推出的香水裏，可能就有超過 200 種不同品牌的香水裏是添加有小荳蔻精油。

另外還有幾種植物的種子也是叫做荳蔻（Cardamom），這些荳蔻也都具有香味，不過它們主要是作為食物烹調用的香料，或是作為草藥，因此對這些香料我們就只大概的提一提它們的名字，而不加以詳細的討論。薑科裏大約有四十七個屬，七百多種植物，主要是分佈在熱帶地區。有一種荳蔻的俗名是黑荳蔻（Black cardamom），這種植物是歸屬於荳蔻屬，它的學名是 *Amomum subulatum*，這種黑荳蔻的原產地是在印度，它的種子在印度是一種很重要的調味料，它帶有很清新的芳芬香味，但還帶點樟腦的味道，通常是利用燻烤的方式去乾燥這種黑荳蔻，因此這種黑荳蔻帶有火燒的煙味。也有的資料說黑荳蔻是有好幾種，其中一種是中國的草果，這種植物的學名是 *Amomum tsaoko*，根據資料上的記載，草果的種子在四川菜裏也是做為調味料。

另外荳蔻屬裏還有幾種叫做白荳蔻的植物，它們的原產地有的是在中國，有的是在印尼的爪哇，這一類的植物包括了 *Amomum cardamomum*，*Amomum kravanh*，資料上說它們都可以作為中藥的藥材，具有開胃理氣的功效。

另外還有一種中文叫做非洲荳蔻的植物，它是歸類於薑科的非洲荳蔻屬，這種植物的學名是 *Aframomum melegueta*，資料上說西非洲的草藥醫生常用這種非洲荳蔻去治療各種傷口的感染。最近的研究顯示非洲荳蔻裏含有生薑酚（Gingerol），化學結構上，生薑酚和其它的消炎藥很相似，目前的研究是期望它能治療頑強的抗藥性金黃色葡萄球菌。

肉荳蔻

有的歷史學家說，十六世紀開始的歐洲人殖民史其實就是歐洲人尋找香料的歷史，最初只是為了要尋找一條可以到達東方的新路徑，但隨著貿易而來的卻是戰爭及土地占領。

雖然早在十三世紀阿拉伯人就已經把一種叫做 Nutmeg 的肉荳蔻運送到歐洲地區了，但是當時大部份的歐洲人還是不知道有肉荳蔻這種香料。十六世紀時，最先到達現今印尼這個地方的葡萄牙人在摩鹿加群島（Moluccas）看到了 Nutmeg 這種肉荳蔻香料。十七世紀時，荷蘭人把從葡萄牙人那裏搶奪到的印尼設定為荷蘭的殖民地，接著荷蘭人把肉荳蔻帶到了歐洲，這一下子歐洲人才知道有這種香料，並驚為天人，自此以後肉荳蔻就成了一種非常名貴的香料，因為當時只有摩鹿加群島有這種天然的肉荳蔻樹，因此當時的荷蘭人是控制了所有的肉荳蔻的交易，並且獲得了巨大的商業利益。

這種獨占的經濟利益到了十八世紀時才被打破，因為到了十八世紀，英國人在馬來西亞的檳城開始種植肉荳蔻樹，而法國人則在西印度群島一帶種植肉荳蔻樹，現今馬來西亞，印尼，格瑞那達（Grenada）是肉荳蔻的主要生產國家，另外像是錫蘭，台灣，海南島，廣東，廣西，雲南等地也都有栽植。

肉荳蔻是肉荳蔻科（Myristicaceae）、肉荳蔻屬裏學名為 *Myristica fragrans* 的肉荳蔻樹所結的果實裏的種仁。有的資料說肉荳蔻樹有點像橘子樹。肉荳蔻樹是常綠的喬木，可以長到二十公尺高，樹葉茂盛，從枝頭的葉腋處會開出些暗黃色的小花，它們是雌雄異體，也就是說有雄蕊花與雌蕊花。雄蕊花是成串成簇的，而雌蕊花通常只有單獨的一個。花謝了以後長出的果實有點像桃子，或是像梨，有一端是比較尖的，約略像杏桃一樣的大小。

雖然果肉可以食用，但非常的酸澀。果實成熟後，果皮會轉變成黃色，然後果實會在縱的方向裂開成二半，露出裏面殼狀的黑褐色果核，奇特的是在果核的外面還包裹著一層鮮紅色的假種皮，這層假種皮還不是完全的把果核包住，假種皮上有些縱裂的裂痕，因此從外面是可以看到裏面的黑褐色果核，它的樣子就好像是黑褐色的果核帶著一個鮮紅色的面具，印尼當地的人叫這層鮮紅色的假種皮為 bunga pala，在英文裏是叫做 mace，中文是叫做肉荳蔻衣，也有的資料說它的俗名是玉果花。

殼狀的果核裏有一粒種仁，等果核完全乾燥後，搖搖果核會聽到裏面的那粒種仁嘎啦嘎啦的動個不停。敲開殼狀的種皮，取出種仁，那就是肉荳蔻 Nutmeg，印尼當地人叫它為 pala。為了避免蟲子的啃食，所以取出來的肉荳蔻都會先用石灰水浸泡一天，然後再用緩火烘焙乾燥。通常肉荳蔻的等級是依大小來區分，越大越重的肉荳蔻越是上品，當然也要看它的香氣，越濃郁的越好。而鮮紅色的肉荳蔻衣 mace 經過乾燥後會成為半透明的淺黃棕色膠質物質，它帶有非常濃郁的香味，在香水界裏的地位比肉荳蔻還要珍貴，但市面上是很少見的。

一般是採用水蒸汽蒸餾的方式從肉荳蔻裏瘁取出肉荳蔻的精油，但是在香水裏所用的肉荳蔻油是用熱擠壓的方式從肉荳蔻裏擠出的凝香體油（concrete oil），通常是把這種凝香體油直接加到香水裏，但也有的是再用酒精萃取以獲得肉荳蔻的原精。有些資料描述，不論是肉荳蔻凝香體油或是肉荳蔻原精的味道都是在濃郁的甜甜的辛香味裏帶著木質的香味，也有的資料說似乎還可以聞到點麝香的味道，它常與迷迭香，元荽，黑胡椒，薰衣草，鼠尾草，天竺葵，乳香這些原精或是精油搭配著使用，主要是用於調配男士用的香水。

芫荽

以前在學校唸書的時候，到了冬天常會與同學逛逛夜市，有時候會叫碗四神湯，再配上一碗筒仔米糕，熱騰騰的米糕上撒上幾片香菜，吃在嘴裏格外香甜，但有的同學卻是聞到香菜就覺得惡心，真的是鐘頂山林各有所好。

香菜又叫做芫荽，也叫做延荽，它的英文名稱是 Coriander，但在美國是叫做 Cilantro。芫荽是繖形科、芫荽屬的植物，葉子有點像芹菜的葉子，但比較小。芫荽的學名是 *Coriandrum sativum*，它是一年生、或是二年生的草本植物，通常我們吃的是芫荽幼嫩植株的莖和葉子。芫荽可以長到五、六十公分高，葉子帶有強烈的氣味，這種氣味因人而有不同的看法，有的人非常喜歡，有的人覺得惡心。

芫荽開的是帶點紫色的小白花，花是傘形花序，長在植莖的頂端，小花的花梗很短，所以看起來像是密集的長成一團，有五個花瓣，花瓣不是一樣大，花謝了以後長成近似於球形的果實，這時，芫荽果實的味道並不是很好聞，但是如果把果實採收了以後曬乾，會散發出一種濃郁的香氣，據說聞起來會讓人感覺喜悅，它的味道被描述為是很精緻的甜甜花香味和草香味，這是因為從乾燥的芫荽果實裏散發出的氣味中含有沉香醇。

利用水蒸汽蒸餾的方式可以從曬乾的芫荽果實裏蒸餾出一種淺黃色的精油，它的香味被描述為是在甜甜的花香及木質香味裏帶著點胡椒的味道，在新一代的香水裏是一種非常常用的頭前香，它能提升整個香水的活潑性，讓香水聞起來有一種清新的氣息，因此常添加於濃度較高的香水裏。因為它的味道是帶著點花香味，所以如果想在頭前香裏增加些花香味，那麼通常就會添加些芫荽果實的精油，它常與胡椒、或是丁香搭配做為頭前香的一種成份，根據資料上的記載，它與玫瑰，茉莉，乳香，肉桂，佛手柑這類的精油或是原精都能搭配的很好，據說伊夫・聖羅蘭（Yves Saint Laurent）公司推出的「鴉片」（Opium）這款香水的頭前香就添加有芫荽果實的精油。

杜松果

在台灣，夏天的晚上，逛夜市時常會逛到冰店，叫碗草莓冰，雪白的牛奶碎冰上佈滿了濃郁的煉奶和新鮮的草莓，白裏透紅，看在眼裏，吃在嘴裏都是享受。

植物學家是把草莓列為漿果類，大部份的漿果類植物都是屬於草本植物，但神奇的是柏科（Cupressaceae）、刺柏屬（*Juniperus*）裏的植物所結的果實也是漿果，而不是一般松科或是柏科植物所結的堅果。

刺柏屬裏大約有六、七十種植物，我們在討論植物性基礎香精油時曾討論過原產地是在美國的維吉尼亞雪松（*Juniperus virginiana*），維吉尼亞雪松就是屬於刺柏屬的。維吉尼亞雪松有另外一個英文俗名是叫做 Eastern Juniper。

Juniper 在中文裏的譯名是杜松，但是通常說到杜松，或是所謂的 Common Juniper 指的卻是原產於北歐，學名為 *Juniperus communis* 的這種植物，這種植物長的並不高，大概只有四、五公尺高，這在松柏類的植物裏算是矮的了。它的樹幹並不形成單一的主幹，而是有許多的分枝。它的葉子是綠色的針形，整個植株都有香味。花開後結的是圓形的漿果，大小約有 0.5 公分到 1 公分。

最初，杜松的漿果是綠色的，經過將近二年的時間才會成熟，成熟後的果實會轉變成藍紫色，果實乾了以後又會變成紫黑色，這時會散發出濃郁的松脂香味，這種乾燥的杜松果或是杜松子在歐洲是一種很普遍的調味料，譬如說添加在酒裏可以釀成杜松子酒，杜松子酒的英文名稱是 Gin，在中文裏也叫做琴酒。在德國，瑞士，芬蘭這些國家，常把杜松果磨碎後用來醃漬肉類食物，或是加在菜餚裏做為調味料。

利用水蒸汽可以從磨碎的杜松果裏蒸餾出杜松果的精油，它是一種淺黃色或是淺綠色的液體，它的味道被描述為是松脂香，或是在像香膏的木質香味裏帶點胡椒的味道。另外也可以利用溶劑從磨碎的杜松果裏萃取出綠色黏稠的凝香體，然後再用酒精萃取得到淺黃色或是淺綠色的杜松果原精，這種原精除了帶有杜松果的松脂香味外，還被描述為帶著點麝香的味道，它主要是用於調配男士用的香水。

葛縷子

我們不知道地球的壽命有多久，也不知道人存在地球上有多久，也就是說我們不知道的比知道的多的多。最多也不過是最近的幾百年，人類才知道在幾千萬年以前，地球上還有恐龍這種生物曾經存在過。也許就只是短短的幾千年前，也許更久，人類知道在食物裏添加點調味料，讓吃不再只是為了生存所表現出的生物本能動作，吃成了一種藝術，人要吃的好，更要吃的香，只是不同地區的人所熟悉的調味料各有不同。

當出現了一種新的調味料，人總是拿它與舊的調味料作比較，譬如說歐洲人熟悉了一種在英文裏叫 Cumin 的調味料，當看到了另外一種很類似的調味料，就會把舊的調味料的名稱冠到新的調味料上，這也許就是 Caraway 被稱之為 Persian cumin 的原因吧。因此在長遠的歲月流傳下，一種調味料常有不同的名稱存在，但也有可能是二種調味料有了相同的名稱，這個情況就發生在 Cumin 及 Caraway 這二種香料的身上，因而有些中文的資料把這二種香料給搞混了。

英文裏稱之為 Caraway 的香料在中文裏的名稱是葛縷子，也有的資料說它是藏茴香，有的商家更叫它為姬茴香或是凱莉茴香。葛縷子是一種學名為 *Carum carvi* 的植物所結的果實，這種植物是繖形科、葛縷子屬的。根據資料上的記載，這種植物的原產地很可能是在歐洲及亞洲的西部，但現今，歐洲，北美洲，非洲的北部，中國的東北，西北，西藏及四川的西部等地都有種植。

葛縷子喜歡生長在靠水的地區，因此多生長在河邊的草叢裏，或是生長在河邊的樹林裏。葛縷子的植株長的很像胡蘿蔔，它是二年生的草本植物，植株長的並不是很高，大約只有二、三十公分高，葉子是羽狀葉，莖是中空的，根還相當粗，在歐洲是做為一種蔬菜。它的花莖可以長到六、七十公分高。開的是帶點紫色的白色小花，聚生成傘形，果實是長卵形，但有的是成彎曲的新月型，果實大約有 0.5 公分長，外殼上有皺裂紋，很容易與枯茗（cumin）給搞混了。果實的外形看起來像是某種植物的種子，所以有的地方稱它為 Caraway seed。果實成熟乾燥後是黃褐色的，這種果實就是英文裏的 Caraway，中文是叫做葛縷子，或是叫做藏茴香。葛縷子帶有很濃郁的辛香味，它的味道主要是來自於果實裏所含的芹香酮（carvone）及檸檬烯（limonene），雖然有的中文叫它為藏茴香，但它卻沒含多少茴香所特有的茴香醚（anethole）。它常被用作為食物的調味料，尤其是在德國，在麵包之類的烘焙食物裏是大量的使用這種葛縷子，它的味道被描述為是在辛香味裏帶點麝香及水果味。

利用水蒸汽蒸餾的方式可以從葛縷子裏蒸餾出一種淺黃色的精油，一般認為英國的葛縷子精油的香味品質是比較精緻的，它的味道被描述為是在類似於青草的芹菜辛香味裏帶點胡蘿蔔或是胡椒的味道，通常在香水裏用的不多，只是在某些男士用的香水裏會添加一點。

枯茗

枯茗這個中文名稱似乎是直接音譯自它的英文名稱 Cumin。枯茗這種香料還有另外一個中文名稱，它是叫做孜然，根據網路上的資料說，這個名稱是音譯自維吾爾語。枯茗是一種相當古老的香料。根據資料上的記載，這種香料在聖經裏有提到過。

枯茗的外觀與葛縷子非常的相像，幾乎是難以分辨，不過枯茗比葛縷子大一點，就像葛縷子 Caraway 在某些國家被叫成為 Persian cumin，同樣的也有些國家稱枯茗 Cumin 是 Turkish caraway，Eastern caraway，或是 Egyptian caraway。不過枯茗與葛縷子的香味是不一樣的，枯茗果實的香味主要是來自於它所含的枯茗醛（Cumic aldehyde）。枯茗果實的香味經過烘烤以後，它的香味會改變，枯茗果實烘烤後的香味主要是來自吡嗪類（pyrazine）的化合物。

枯茗是繖形科、孜然芹屬裏一種學名為 *Cuminum cyminum* 的植物所結的果實，這種植物在中文裏稱為孜然芹。它長的不高，大約只有三十公分高，莖是細細的，有很多的分枝，葉子是細長形的羽狀葉，會開一種帶點紫色的小白花，花聚生成傘狀，結的果實是彎曲的長卵形，自古以來，枯茗這種香料在印度就是非常的普遍，它是印度咖哩香料裏一種很重要的成份，現今在拉丁美洲，非洲，亞洲是很流行的，但在歐美地區則比較少用。

利用水蒸汽蒸餾的方式可以從枯茗這種香料裏蒸餾出一種淺黃色的精油來，它的味道被描述為是類似於胡椒的辛香味，因為枯茗精油裹含有光敏感的物資，所以當添加於香水裹是要特別的小心。添加有枯茗精油的香水到是不多，它多半是與紫羅蘭葉原精或是鳶尾精油香膏搭配著用於調配男士用的香水。

薄荷香

「口齒留香，萬里傳情」，年少時的我們可能都曾有過胯下騎著腳踏車，口裹嚼著口香糖，趕著急赴友人的約會，清涼的薄荷香，迴繞口齒，透過鼻蕊，直上腦後，人未至已飄飄欲仙。

薄荷的香味主要是來自於薄荷醇，薄荷醇是一種白色的結晶體，因為它的融點不高，大約只有攝氏 36 度左右，因此我們看到的薄荷醇是有點像臘狀的東西。雖然有人工合成的薄荷醇，但是據說人工合成的薄荷醇對人體並不是很好，所以用於醫療，或是用於化妝品的薄荷醇仍以萃取自天然的薄荷植物為主。

薄荷植物在植物分類學上是歸屬於唇形花科、薄荷屬，薄荷屬的拉丁文學名是 *Mentha*。薄荷屬植物的原生種大約只有十五種左右，但是因為栽培雜交育種的關係，據估計薄荷屬裹的植物有可能多達 600 種之多，而在香水這個領域裹比較重要的卻只有綠薄荷（Spearmint）及胡椒薄荷（Peppermint）這二種。另外在杜鵑花科、白珠樹屬裹有種叫做冬青（Wintergreen）的植物，從它的葉子裹也可以蒸餾出一種精油，這種精油的味道令人感覺清涼，所以也被歸納到薄荷香裹一起討論。

綠薄荷

喜歡嚼口香糖的大概很少沒有嘗過青箭牌口香糖的，而青箭牌口香糖裏口味最平常的當屬綠薄荷了。綠薄荷的英文名稱是 Spearmint，或是就叫做 Green mint，它的味道是甜甜的清涼薄荷味。綠薄荷植物的學名是 *Mentha spicata*，它的原產地是在歐洲的南部，但現今以美國的產量最大，這是因為在美國它是被大量的添加於食品裏。

綠薄荷又被稱之為荷蘭薄荷，在中國也有的稱它為留蘭香，這種植物喜歡生長在潮溼的土壤。它是多年生的草本植物，大約有三十公分高，但有的會長到一公尺高。葉子是青綠色的闊卵形，邊緣成鋸齒狀，開的是穗狀花序，花不大，有白色的，有紫色的。綠薄荷這種植物會像野草一樣長的很快，一不注意整個花園都會長滿了綠薄荷，所以通常是栽種在花盆裏。

綠薄荷的味道主要是來自於它所含的芹香酮和檸檬烯，但是綠薄荷裏的芹香酮的味道與葛縷子裏的芹香酮的味道是完全不一樣的，雖然這二種芹香酮的化學式是完全一樣，但是它們的化學結構在三度空間裏的排列方向是有差異的，這二種芹香酮在立體空間上的排列就好像我們的左右手互成鏡面對稱一樣。

當綠薄荷的花盛開時，它的味道會衰退的很厲害，所以通常是在花還沒有完全開以前就把整個植株的上半部全部摘下來，然後用水蒸汽蒸餾出一種淺黃色的精油，它的味道被描述為是溫馨的、綠意的薄荷草香。它的味道很濃郁，如果放置的時間超過一年，那它的香味會變的更精緻。通常綠薄荷精油可以與茉莉花，羅勒，佛手柑，岩蘭草，檀香這些原精或是精油搭配著少量的添加於香水裏，它主要是用於提升整個香水的香味，讓香水帶有清涼的感覺。

胡椒薄荷

胡椒薄荷這種植物的學名是 *Mentha × piperita*，它的英文俗名是 Peppermint，從胡椒薄荷的英文俗名及它的拉丁文學名我們可以想像的到這種植物所散發的薄荷味道裏是帶有點辛辣的胡椒味。

胡椒薄荷是綠薄荷（Spearmint，*Mentha spicata*）與水薄荷（Water mint，*Mentha aquatica*）的雜交種，資料上說胡椒薄荷是不會結種子的，通常是靠著壓枝，插枝或是從根部分割而繁殖。胡椒薄荷長的並不很高，大約有三十公分到七十公分高。它像爬藤植物一樣的匍匐在地上生長，會像雜草一樣的繁殖。不同栽培種的藤莖是有不同的顏色，大部份是綠中帶著紫色。葉子是闊卵形，長約 4 公分到 9 公分，寬約 1.5 公分到 4 公分。葉子的邊緣成鋸齒狀，夏天時會開紫顏色的花，成輪生的穗狀花序。

根據資料上的記載，最早，胡椒薄荷是在英國被發現的，它夾雜在野生的綠薄荷與水薄荷中間，因此胡椒薄荷可能是這二種薄荷因偶然的機會雜交而產生的。有一種胡椒薄荷變種的葉子裏含有花青素，因此它的葉子是深綠色的，這種胡椒薄荷被稱之為黑胡椒薄荷（Black pepper mint）。另外有一個變種的葉子裏不含花青素，這種胡椒薄荷被稱之為白胡椒薄荷（White peppermint）。

當胡椒薄荷開花時，可以將胡椒薄荷植株的上半部摘下，經過短暫的乾燥後，利用水蒸餾或是水蒸汽蒸餾的方式可以蒸餾出一種無色或是顏色很淺的黃綠色精油。胡椒薄荷精油的味道被描述為是在非常濃郁的清涼薄荷香味裏帶著辛辣的胡椒味。胡椒薄荷精油裏大約含有百分之五十的薄荷醇（Menthol），就是這種薄荷醇會讓人聞了或是吃了薄荷以後感覺清涼，另外它還含有百分之十的乙酸薄荷酯（Menthyl esters）及百分之二十的薄荷酮（Menthone）。胡椒薄荷精油是被廣泛的使用於牙膏，口香糖，冰淇淋和糖果裡，它提供一種清涼的、振奮精神的感覺，它還可平衡食品裏蔗糖的甜度，在英國，巧克力裏添加胡椒薄荷精油是廣受歡迎的餐後甜點。

香水裏添加胡椒薄荷精油是為了提升整個香水的香味，讓香水帶有清涼的感覺。它與茴香，玫瑰木，快樂鼠尾草，丁香，芫荽，天竺葵，薰衣草，胡椒，檀香，香草，麝香這些精油或是原精搭配的都很好，據說伊麗莎白雅頓公司在 1999 年推出的一款名為「綠茶」（Green Tea）的香水裏就添加有胡椒薄荷精油做為它頭前香的一部份。

冬青

冬青應該是翻譯自英文的 Wintergreen，就像它的名字所顯示的，在冬天，當冰雪覆蓋著大地，在一片白茫茫的雪地裏露出翠綠的枝葉，因此常被當地人看成是具有神奇力量的植物。

冬青，也有的稱它為冬青木，冬青樹，冬青白珠樹，或是白珠樹。它的原產地是在北美洲，從加拿大到美國的阿拉巴馬州都是。冬青主要是生長在潮溼的松樹林裏，它是杜鵑花科（Ericaceae）、白珠樹屬的植物，它的學名是 *Gaultheria procumbens*。冬青這種植物長的不高，大約只有 15 公分高，個子雖小，但架勢卻不小，相對於植株的高度，它的葉子看起來還滿像是大樹的葉子，葉子是近似於卵形的橢圓形，長約五公分，寬約二公分，如果揉搓它的葉子，會散發出很香的香味。冬青會開一種像甕一樣形狀的白色小花，結的是紅色圓形的漿果，果實可以吃，在美國稱這種漿果為茶莓（Tea berry）。

冬青葉子散發出的香味被稱之為「冬青的香味」（Scent of Wintergreen）。利用水蒸餾的方式可以從冬青的葉子裏蒸餾出一種淡紅棕色或是淺黃色的精油，有的稱這種精油為白珠樹精油（Gaultheria oil），也有的稱它為冬青精油（Wintergreen oil）。冬青精油裏含的主要成份是水楊酸甲酯（Methyl salicylate），大約可以占到百分之九十以上。早期，冬青精油是以美國的產量最大，現今以中國產的比較多。它的香味是清新的，芬芳的，帶給人的是一種清新清涼的感覺。冬青精油能與玫瑰木，藏茴香，肉桂，丁香，薄荷，沉香醇，麝香，檀香，香草這些精油或是原精搭配著使用，不過在比較精緻的香水裏使用的到是不多，這是因為它的香味不如水楊酸異戊酯（Isoamyl salicylate）來的精緻。

青草香

英文裏有一個字是很難翻譯成中文的，因為這個字在英文裏的意義是包含了不同的東西，這個字就是 Herb。它的內涵包括了醫療用的草藥和烹煮食物時添加的調味用的草本植物。說到醫療用的草藥我們可能比較熟悉，但是說到調味用的草本植物我們可能就不是那麼熟悉了，因為在中式的烹飪裏是很少使用這些調味的草本植物，但在西式烹飪裏，大量的使用調味用的草本植物是司空見慣的，幾乎家家戶戶每天烹煮食物時都會添加一些，因而在香水這個領域裏也不可或缺的會添加一些從這些植物裏提取出來的精油，有些這類的精油是被歸類到頭前香，這包括了月桂，馬郁蘭，迷迭香及百里香。

月桂

在中文裏，月桂樹這個名稱是個很令人困惑的樹種，因為它可能指的是完全不同的植物。我們常聽人說桂冠詩人，戴著勝利的桂冠，這些名稱裏提及的桂冠指的是利用樟科裏一種學名為 *Laurus nobilis* 的月桂樹的樹枝及樹葉所編織出來的頭冠飾物。古老的希臘神話傳說，河神皮尼奧斯（Peneus）有個女兒叫做達芙妮（Daphne），因為太陽神阿波羅（Apollo）得罪了愛神丘比特（Cupid），丘比特就向阿波羅射了一支求愛的箭，但同時卻對達芙妮射了一支拒愛的箭。於是阿波羅熱情的追求達芙妮，而達芙妮卻跑著躲避阿波羅。當達芙妮就快要被阿波羅追到的時候，達芙妮向她的爸爸河神皮尼奧斯求助，河神皮尼奧斯就把達芙妮變成一株月桂樹。阿波羅非常傷心，他用月桂樹的樹枝和樹葉編織出一頂頭冠戴在頭上，藉以表達對達芙妮深刻的愛情。因為在希臘神話裏，阿波羅掌管著音樂，詩歌，文學這些領域，因此在與這些項目有關的競賽中，獲得勝利的就被授予代表著阿波羅鍾愛的月桂桂冠。另外在羅馬文化裏，月桂桂冠也被凱撒和其他的羅馬皇帝視為是勝利和光榮的象徵，而西方文化主要是傳承自希臘和羅馬文化，因此後來就用「獲得桂冠」（Win or Gain One's Laurels）這個字詞去形容在音樂，詩歌，文學這些領域裏獲得了最高的成就。

學名為 *Laurus nobilis* 的這種月桂樹是有許多的英文俗名，像是 Laurel，Sweet bay，Bay laurel 等等。這種植物是常綠的灌木、或是喬木，在溫帶地區可以長到二十公尺高。在希臘和法國這些國家是到處都可以看到野生的月桂樹。而月桂樹的原產地很可能是在小亞細亞或是在地中海一帶。

月桂樹的樹皮是墨綠色的，樹葉呈長橢圓形，葉端較尖，樹葉是帶有光澤的淺綠色。就像大多數的樟科植物一樣，如將它的樹葉弄碎，樹葉會散發出香味。它們是雌雄異體的植物，會開乳黃色的小花，花是成串的，但只有雌花會結藍黑色的漿果。

利用水蒸汽可以從學名為 *Laurus nobilis* 的這種月桂樹的樹葉裏蒸餾出一種黃綠色的精油來，這種精油的英文名稱是 Laurel Leaf Oil，雖然它的味道是芳香的，但帶著點樟腦的味道。它能與松香脂，杜松果，快樂鼠尾草，迷迭香，乳香，勞丹脂這些精油或是原精搭配的很好，它主要是用於調配男士用的香水。

另外還有一種植物也叫做月桂樹，它的英文名稱也是叫做 Bay，這種月桂樹的葉子也帶有很香的香味，從它的葉子裏可以蒸餾出一種味道很像丁香的精油，這種植物是屬於桃金孃科、玉桂屬的植物，它的學名是 *Pimenta racemosa*，這種植物與學名為 *Pimenta dioica* 的多香果是屬於同一個屬，所以有的中文資料稱這種植物為月桂香果樹。這種月桂樹的原產地是在西印度群島一帶，所以這種植物的英文名稱也叫做 West Indian Bay Tree，有的中文資料把它翻譯為西印度月桂樹，另外它的葉子常與藍姆酒（Rum）一起蒸餾以增添藍姆酒的香味，因此這種月桂樹也被叫做 Bay Rum Tree。

學名為 *Pimenta racemosa* 的這種月桂樹長的並不是特別的高大，大概會長到十公尺左右，它的葉子是比較尖的橢圓形，帶有香味，揉搓它的葉子會散發出很精緻的香味，據說擦拭在身上比塗抹品質不是很好的香水更令人感覺舒適。

利用水蒸汽蒸餾的方式可以從學名為 *Pimenta racemosa* 的這種月桂樹的葉子裏蒸餾出一種淺黃綠色的精油，這種精油叫做 Bay Oil，或是叫做 Bay Leaf Oil。如果這種月桂精油是要添加在香水裏，那麼通常會再用真空蒸餾的方式將這種月桂精油再蒸餾一次，以去除裏面所含有的松烯類化合物（Terpenes）。這種月桂精油的味道被描述為是溫馨的丁香味，通常會與香草，丁香，肉桂，薰衣草，伊蘭－伊蘭，檸檬這些精油或是原精搭配著用於調配男士用的香水。如果將這種月桂精油溶在酒精裏可以配出古龍水或是養髮液（Hair Tonic），這種古龍水或是養髮液是叫做 Bay Rum。

馬郁蘭

我們在討論基礎香和本體香的精油時曾討論過一些植物是屬於唇形科的，當時我們也曾說過這一科裏的植物基本上是草本植物，很少是木本植物。一般來說，這些植物的植株裏都含有揮發性的芳香油，可以利用蒸餾的方式從這些植物裏萃取出它們的原精或是精油。另外這一科裏的植物有許多是可以做為醫療用的草藥或是做為烹飪用的調味料，譬如說，薄荷，羅勒，快樂鼠尾草，薰衣草等。通常唇形科裏的植物都很容易用插枝法繁殖。唇形科裏可以提取出做為頭前香精油的植物有馬郁蘭，奧勒岡，迷迭香，百里香等。

馬郁蘭和奧勒岡這二種植物都是屬於唇形科、牛至屬（*Origanum*）的植物，也有的資料把 *Origanum* 這個屬名直接音譯為奧勒岡屬。馬郁蘭和奧勒岡這二種植物的外形很類似，如不是很熟悉這二種植物，一般是不容易分辨出它們的，這二種植物的原產地很可能是在地中海附近的地區，從很早以前，甚至早在希臘時代，它們就被使用於做為烹飪用的調味料。

馬郁蘭的英文名稱是 Marjoram，這種植物的學名是 *Origanum majorana*，而奧勒岡的英文名稱是 Oregano，它的學名是 *Origanum vulgare*。一般來說，馬郁蘭的香味比較精緻，英文裏稱馬郁蘭為 Sweet Marjoram，稱奧勒岡為 Wild Marjoram。這二種植物在西方國家，尤其是在義大利食物裏是被廣泛的用做為烹飪用的調味料。

馬郁蘭是多年生的植物，因為它不耐寒冷的氣候，因此在較冷的地方到成了一年生的作物。它大約可以長到六十公分高，葉子是小而寬的橢圓形，呈灰綠色，帶有濃郁、溫馨的芬芳香味，有的資料描述說它的味道有點像松脂，或是像柑橘，並帶有點胡椒或是肉荳蔻的味道。馬郁蘭會開白色或是紫色的小花，通常是在開花的時後把植株的上半部全部採集下來。利用水蒸汽蒸餾的方式可以從採集來的植株裏蒸餾出一種白色的精油，但有的精油是淺黃色，它的味道被描述為是在甜甜的青草香味裏帶點木質的樟腦味，現今一般認為埃及的馬郁蘭精油的品質是比較好的，它能與薰衣草，檸檬，佛手柑，橙花，迷迭香這些精油或是原精搭配著用於調配男士用的香水。

迷迭香

Rosemary 的中文名稱是迷迭香，就如它的中文名稱顯示的，這種植物散發的香味不知迷倒了多少人，在許多知名的香水裏都能發現它的蹤跡，在西方的烹調料理裏，迷迭香更是燉煮肉類食物所不可或缺的，它散發出的是一種像芥末的味道，但是在中國烹調料理裏使用迷迭香做為調味料的到是不多。

Rosemary 這個名稱與 Rose（玫瑰）和 Mary（瑪麗）並沒有什麼關係，這個名稱是由迷迭香的拉丁文屬名 *Rosmarinus* 轉化來的，這個屬裏只有學名為 *Rosmarinus officinalis* 的迷迭香這一種植物，它是屬於唇形科。*Rosmarinus* 這個屬名是源自於古老的的拉丁文，它的原意是海洋裏的露水（Dew of the Sea），這個名稱可能是用來描述迷迭香所開的淺藍色像露水般的花朵，或是說明在海邊常可以看到迷迭香。一般西洋人認為迷迭香開的花象徵著美好的回憶及友情（Remembrance and Friend-ship），因此在西方社會裏，那些正在進行婚禮儀式的佳偶常會配戴迷迭香的花朵以表示忠貞及愛情。

迷迭香的原產地可能是在地中海沿岸的地區，植株是矮小的灌木，大約可以長到一、二公尺高。它是多年生的植物，在某些地區可以存活到三十年以上。迷迭香有不少的栽培種，依植株生長的形狀可以分為二大類型，一類是主幹向上生長的直立型，另一類是枝幹比較偏向横向生長的匍匐型。葉子是常綠的細長針狀葉，長約 2 到 4 公分，寬約 0.2 到 0.5 公分。葉面是綠色，葉背帶點白色，密生著許多短毛，具有香味，需要時可以摘取一些葉片做為調味料，或是把植株的上半部摘下來，剩下的部份會繼續生長。迷迭香開的是唇形的小花，有白色的，粉紅色的，紫色的及藍色的。

自古以來，迷迭香就被認為是一種可增強記憶的藥草。迷迭香開花時，可以將整個植株的上半部摘下，然後利用水蒸汽蒸餾出一種淺黃色的精油，它的味道被描述為是在清新的青草香味裏帶點薄荷、樟腦和香膏的香味，常與月桂，羅勒，雪松，肉桂，乳香，天竺葵，薰衣草，柑橘及薄荷這些原精或是精油搭配著用於調配高級的香水。

有一種很古老的花露水叫做匈牙利水，它的主要成份就是迷迭香精油，通常調配匈牙利水時會再搭配些檸檬，薰衣草，柑橘之類的精油。

百里香

時代真的變化的很快，誰能想到才不過幾十年，以前認為是大逆不道的觀念，現今已司空見慣。記得是七十年代，美國好萊塢推出了一齣電影，它的中文片名是《畢業生》（The Graduate），當年這部片子準備要在台灣上映的時候，好像還激起過熱烈的討論，討論著該不該讓這部片子在台灣上映。

這部電影有個主題曲叫做史卡波羅市集（Scarborough Fair），這個曲子的第一段寫著

Are you going to Scarborough Fair？
Parsley，sage，rosemary，thyme，
Remember me to one who lives there，
For once she was a true love of mine。

這段歌詞在網路上是被翻譯為

您是否將前往史卡波羅市集？
荷蘭芹，鼠尾草，迷迭香，百里香，
別忘了幫我拜訪一位住在那裡的朋友，
她曾經是我最心愛的人。

在這首歌曲裏提到了四種調味用的香料植物，荷蘭芹、鼠尾草、迷迭香和百里香，這些調味香料植物在古代是具有某些深沉的意義，就像今天的玫瑰花，不同顏色的玫瑰花代表著不同的意義。迷迭香開的花象徵著美好的回憶和友情，而百里香則是象徵著勇氣（Courage）。

網路上流傳著這麼一個故事，在希臘神話傳說的木馬屠城記裏，維納斯女神眼見特洛伊戰爭的死傷無數，傷心的眼淚滴落在地上產生了百里香。據說百里香的英文名稱 Thyme 是源自於希臘語的 Thymon，它的原意就是勇氣（Courage）。而羅馬人更視百里香為活力（Vigor）與勇氣的象徵，戰爭前，戰士會浸泡在百里香的浴池裏。中世紀時的歐洲，當丈夫或是情人出征打仗時，女人會在胸襟前別上一枝百里香，它象徵的也是勇氣。另外在地中海附近的野外山坡上，當百里香的花朵盛開時，它的香味總會引來成群的蜜蜂圍繞著，就像求愛者的熱情，因此當地的少女們會將百里香的花朵別在胸襟前表示期待著一段美麗的愛情。

百里香又叫做麝香草，它是唇形科、百里香屬的植物，也有的稱百里香屬為麝香草屬，有的資料說百里香屬裏的植物大約有 350 種，它們大多是多年生的草本植物，有直立型的，也有匍匐型的。在香水這個領域裏比較重要的是學名為 *Thymus vulgaris* 的這種百里香，它又叫做闊葉百里香（Broad leaf thyme），它還被稱之為 Common thyme，English thyme，French thyme，或是 Garden thyme。這種百里香的植株最高可以長到 40 公分高，整個植株都散發芳香的氣味，特別是葉片的香味更是濃郁。百里香的葉子是小闊葉，開的是小小的白花或紫色的花。它的生命力很強韌，很耐寒，可以生長在溫度很低的西伯利亞，並且很耐旱，根部會因為水份太多而腐爛，並且失去它的香味。

百里香的原產地是在歐洲及北非一帶，但現今全世界各地都有種植。因為百里香的葉子裏含有豐富的麝香草酚（Thymol，也叫做百里香酚）及香芹酚（Carvacrol），所以它具有殺菌防腐的功效。自古以來百里香即被視為是一種藥用植物，根據資料上的記載，它可以提振精神，消除疲勞，恢復體力，減輕婦女的經痛，另外它也可以泡澡，藉以舒緩和鎮定神經，或是添加在化妝水裏以恢復疲勞，也有的資料說百里香加上蜂蜜可以止咳化痰，保護呼吸道，甚至於有的資料說李施德林漱口水裏就含有百里香。

百里香被廣泛的用做為烹飪用的調味料，據說在法式的烹調裏，它是最重要的調味植物。百里香還有另外一個特點就是雖經久煮，它的香味仍能持久不散，非常適合燉煮肉類，當開始燉煮時就加入，慢慢的燉煮可以讓百里香的芳香有足夠的時間慢慢的釋放，又因為它具有殺菌防腐的功效，所以在西方國家裏是大量的使用於醃漬肉醬，香腸，泡菜這類的食物。

通常當百里香開花的時後，可以把整個植株的上半部都採集下來，然後用水蒸汽蒸餾出百里香的精油，它的顏色是紅色的，如果再經過一次的蒸餾，可以得到白色的精油。一般認為法國產的百里香精油的品質是最好的，它的味道被描述為是帶著刺鼻的百里香香料味，通常是搭配著佛手柑，雪松，杜松果，薰衣草，檸檬，甜橙，玫瑰草及迷迭香這些精油或是原精用於調配男士用的香水，但是在高級精緻的女士用的香水裏也可以發現百里香的蹤跡。據說法國知名的化妝品與香水品牌－克蘭詩公司（Clarins）在一款名為「香醒露」（Eau Dynamisante）的香水裏就添加有百里香，「香醒露」這款香水是集合了香水與皮膚保養這二種功能在一起的香水。

木香

當我們討論植物性的基礎香精油時，曾討論過一些木質香調的原精或是精油，這一類的原精或是精油是從植物的樹幹、樹枝，或是樹葉裏萃取出來的，它們的香味讓人感覺到好像是聞到某些樹木的香味，歸屬於這一類的精油包括了雪松精油，它所散發的是濃郁的松脂香味，雖然雪松精油的揮發性可以被歸類到基礎香裏，但是雪松精油的揮發性也能讓它歸類到頭前香，它賦予香水的是一種清新的松脂香味。除了雪松以外，另外可以歸類到頭前香的木質香精油有玫瑰木精油及絲柏精油，因為我們已討論過了雪松，所以在這裏我們只討論玫瑰木精油及絲柏精油。

玫瑰木

在南美洲，有些樟科和橄欖科的植物是帶有很濃郁的香味，從它們的樹幹或是樹葉裏可以蒸餾出帶有香味的精油來，特別的是，這些精油的主要成份是沉香醇，因此它們的香味被描述為是帶有玫瑰花的香味，這些精油裏比較重要的是玫瑰木精油。

玫瑰木的法文名稱是 Bois de Rose，這個名稱裏的 Bois 的意思是樹木，所以 Bois de Rose 的意思就是 Rosewood （玫瑰木）。玫瑰木這種植物的學名是 *Aniba roseaodora*，有的資料說玫瑰木這種樹木就是我們常聽到的花梨木，它是樟科、安尼樟屬（也有的稱之為安尼巴木屬或是花梨木屬）的植物。玫瑰木主要是生長在亞馬遜河流域一帶，但是因為砍伐的太多，現今天然生長的玫瑰木的數量是越來越少，而且大多是在於人跡很難到達的地方，因此現今巴西這個國家是有計畫的嘗試去種植玫瑰木，但是否成功，那不同的資料是有完全相反的報導。

學名為 *Aniba roseaodora* 的這種玫瑰木的主要用途就是用於提取玫瑰木精油（Rosewood Oil），玫瑰木在巴西是叫做 Pau rosa，在法文裏是叫做 Bois de Rose，或是叫做 Bois de Rose Femelle。它是一種能長的很高大的常綠植物，大約能長到三十公尺高。整個植株都有香味，然而通常只有從樹幹部份提取出的玫瑰木精油才被用於做為香水的原料，但是因為玫瑰木被砍伐的太多，因此也有從玫瑰木的樹葉及嫩枝裏蒸餾出來的精油，這種精油叫做 Rosewood Leaf Oil，這種精油裏也含有大量的沉香醇。

玫瑰木被砍伐下來以後，先是被砍成一公尺長的木塊，然後讓它順著亞馬遜河流到下游的蒸餾工廠，在工廠裏，玫瑰木再被切成小木片或是磨成細粉，然後再用水蒸汽蒸餾出一種淺黃色的精油，它的味道被描述為是在木香裏帶著濃郁的玫瑰花的香味，它的主要成份是沉香醇，大約可以含到百分之九十左右，沉香醇是比較容易揮發的，所以玫瑰木精油是被歸類於頭前香，它與許多的原精或是精油都能搭配的很好，在許多精緻的香水裏都可以看到它的蹤影，尤其是在調配香味類似於百合，鈴蘭與紫丁香這些系列的精緻香水時，玫瑰木精油更是不可或缺的，據說香奈兒五號香水裏就添加有這種精油。

根據聯合國糧食暨農業組織（Food and Agriculture Organization of the United Nations）的網路資料顯示巴西玫瑰木精油

（Brazilian Rose wood Oil）是有二種等級，一種是叫做瑪瑙斯油（Manaus Oil），這個等級的玫瑰木精油是不能混有人工合成的沉香醇，而之所以叫做瑪瑙斯油是因為亞馬遜河流域所產的玫瑰木精油都是從亞馬遜河流域的最大河港城市瑪瑙斯（Manaus）運出去的，另外一個等級的玫瑰木精油是叫做美洲油（American oil），這個等級的玫瑰木精油是可以摻雜些人工合成的沉香醇藉以降低售價。

另外在巴西還有幾種安尼樟屬的植物，從這些植物的樹皮或是樹幹裏也能蒸餾出精油來，這些精油在巴西當地是用做調配香水的原料，這裏面比較重要的有俗名為 Macacaporanga、學名是 *Aniba fragans* 的植物，另外還有一種植物的學名是 *Aniba parviflora*，這二種植物的中文譯名似乎還找不到。

除了巴西以外，另外在南美洲的祕魯，哥倫比亞，厄瓜多爾，蘇利南，法屬圭亞那這些國家的熱帶雨林裏也有學名為 *Aniba roseaodora* 的這種玫瑰木，但似乎只有巴西才有生產從學名為 *Aniba roseaodora* 的這種玫瑰木蒸餾出來的玫瑰木精油。

根據所能查到的資料顯示，除了學名為 *Aniba roseaodora* 的這種玫瑰木外，還有其它的植物也能從中提取出香味類似的精油，這些精油也被稱之為 Bois de Rose Femelle。這裏面比較著名的有法屬圭亞那的開雲玫瑰木精油（Cayenne Bois de Rose Oil），這種精油也被稱之為開雲伽羅木精油（Oil of Linaloe Cayenne），這裏的開雲指的是法屬圭亞那的首府 Cayenne。有的資料說這種開雲玫瑰木精油的品質是很精緻的，這種開雲玫瑰木精油是從樟科、綠心樟屬裏一種學名為 *Ocotea caudata* 的植物裏蒸餾出來的，不過現今它的產量也很少，市面上也很少見到。另外祕魯也有生產從學名為 *Ocotea caudata* 的這種植物裏蒸餾出來的玫瑰木精油，不過祕魯的玫瑰木精油可能混摻有其它的精油，所以一般的資料對祕魯玫瑰木精油的評價並不是很高。

絲柏

幾年以前，台灣流行所謂的森林浴，媒體似乎也很捧場，大篇幅的介紹了許多適合進行森林浴的地點，印象中，好像溪頭是頗受歡迎的，在雲霧飄渺的早晨，漫步在森林裏的小徑，呼吸著在微風中飄逸的紅檜木香，頗有「松下問童子，言師採藥去，只在此山中，雲深不知處」那種脫離塵世的感覺。

台灣檜木是很珍貴的樹種，它們的樹幹會散發出一種帶著點辛辣胡椒味的松脂香味，那種香味是很獨特的，被稱之為是檜木香，可惜的是早年漫無止境的砍伐，現今台灣的檜木已所剩不多了。從台灣檜木裏可以蒸餾出一種像琥珀顏色的淺黃棕色精油，它的香味也是很獨特的，被描述為是在清新的木質香味裏帶著點胡椒的香味和一點松脂的味道。

台灣檜木是屬於柏科的植物，有的資料稱它為 Chinese cypress，與香水或是芳香療法有關的網站通常把 cypress 翻譯成絲柏，而且說只有從一種學名為 *Cupressus sempervirens* 的植物裏蒸餾出來的精油才能稱為 Cypress Oil（絲柏精油）。

Cupressus 的中文屬名是柏木屬，這一屬裏的典型植物就是我們所熟悉的柏木。查到的英文資料稱學名為 *Cupressus sempervirens* 的這種植物為 Mediterranean cypress，或是 Italian cypress，中文的資料翻譯為地中海柏木，或是義大利柏木。這種植物的原產地是在地中海一帶。它的植株呈高高細細的長圓錐形，常被種植於庭院裏做為觀賞植物，一般來說，柏木屬植物都是含有香味的脂材，它們的材質優良，紋理直，結構細緻，堅韌，耐腐，可供做建築，車船，器具的用材。

學名為 *Cupressus sempervirens* 的這種絲柏是一種常綠的喬木，大約可以長到三十公尺高，樹葉是鱗片狀的細針形。材質堅實可以當建材用，也可以做為雕刻之用，但更常見的是這種絲柏在西方被當成與死亡有關的植物。希臘神話的傳說常把人世間的故事與天上的神話混在一起，太陽神阿波羅很喜歡米西亞（Mysia）國王特勒弗斯（Telephus）的兒子庫帕里索斯（Cyparissus），戀愛中的阿波羅送給庫帕里索斯一頭鹿作為愛情的象徵，但是庫帕里索斯不小心的誤殺了那頭鹿，他悲傷的不能自已，庫帕里索斯要求阿波羅讓他的眼淚永遠的滴落，因此阿波羅就把庫帕里索斯化成一棵絲柏，絲柏樹幹流出的汁液就像是庫帕里索斯流下的眼淚，因此在希臘，絲柏被認為是哀悼的樹，多栽種在墓地上。另外在基督教的傳說裏，十字架是用絲柏製作的。還有就是埃及人和阿拉伯人習慣上用絲柏去製作棺木，這可能是因為絲柏的木材具有不容易腐爛的特質吧，這個特質也反應在絲柏這種植物的學名上，絲柏學名裏的 sempervirens 的原意就是長生不老，永遠翠綠。

在古代，絲柏被認為是具有止血的功能，可作為血管收縮劑，防止流行性感冒及治咳嗽等。

利用水蒸汽蒸餾的方式可以從絲柏的樹葉、細枝和球果裏蒸餾出絲柏精油來，它的顏色是白色的或是淡黃色的，散發出的是輕柔的木質清香和怡人的松脂香味，聞了之後會覺得好像是處在絲柏森林中，在煩擾的都會生活中能發揮安撫心靈的功效，讓心靈沉澱清澈。絲柏精油常與佛手柑，安息香，雪松，迷迭香，玫瑰木，檀香，柑橘，杜松果這些精油搭配著用於調配高級精緻的香水，它所賦予的是松脂的香味。

第十二章 酒精

酒逢知己千杯少，自古以來，酒就是英雄豪傑論交情，搏感情的媒介物，而香水更是藉著酒精來散發它迷人誘人的風采。但是調配香水所用的酒精與好友歡言共揮的美酒是不是同一種東西呢？ 說到這個，我們就要先來看看酒是怎麼做出來的。世界上不同地區出產的糧食並不是一樣的，有的地方出稻米，有的地區出小麥，有的地方出高粱，有的地區出葡萄，因此用來釀酒的材料也就各有取捨了，當然像馬鈴薯，甜菜，玉米，甚至於甘蔗汁榨糖後剩下的糖漿（molasses）都可以用來釀酒。

如果釀酒用的原料是屬於澱粉類的，那麼基本上都是先利用糖化菌將澱粉轉換為糖後再靠著酵母菌發酵把糖份轉化為酒精，當「酒」釀好以後，再把剩下的殘渣濾掉，得到的濾液就是我們喝的酒，這種酒是直接由原料釀造來的，所以這種酒也叫做釀造酒，在英文裏稱這種酒為 wine，譬如說葡萄酒就屬於 wine 這一類的釀造酒。一般來說，從甜菜及穀類釀出來的酒要比從馬鈴薯釀出的酒來的好，因為馬鈴薯釀出的酒都會帶有不好聞的雜物。

如果把釀好的酒放到一個鍋子裏加熱，酒精就會變成蒸氣，如果把這種蒸氣導到一根長長的管子裏，管子的外面澆灌上冷水，那麼酒精的蒸氣遇冷又會冷凝成為液體的酒精了，這種酒就叫做蒸餾酒，通常這種蒸餾酒所含的酒精濃度都很高，譬如說我國的高粱酒，法國的白蘭地，英國的威士忌都是屬於這一類的蒸餾酒，不論是蒸餾酒或是釀造酒，我們都稱之為酒，但是在英文裏稱蒸餾酒為 liquor。

如果拿穀類或是葡萄釀出的酒去蒸餾，然後再拿這種蒸餾酒精去調配香水，那可就是暴殄天物了，所以一般調配香水用的酒精都是以榨過糖後剩下的甜菜糖漿或是甘蔗糖漿為原料去釀酒，然後再蒸餾出酒精。但是利用甜菜糖漿或是甘蔗糖漿釀出的酒還是帶著許多不好聞的雜物，因此需要將它們去除掉，一般的作法是先將釀出的酒加水稀釋，然後加入矽藻土或是碳粉（charcoal），讓矽藻土或是碳粉吸附掉一些雜物，然後再過濾，過濾後的濾液再經過蒸餾的手續。通常先蒸餾出來的酒精裏還是會含有一些分子比較小的醛類，這些醛類分子的味道都不太好聞，所以通常都會把先蒸餾出來的酒精丟掉，然後再收集繼續蒸出的酒精，這樣會得到濃度高達百分之九十到九十五的酒精，在英文裏，這種蒸餾酒精稱之為 Rectified Spirit。藥局裏賣的藥用酒精應該是歸屬於這一類的酒精，而最後蒸餾出來的東西又可能含有許多別的雜物，因此這一部份的酒也是捨棄不用的。

雖然中段蒸餾出來的酒精是比較純的，但它仍然可能含有些不是很好聞的東西，如果用這種酒精去調配頂級的香水會有可能干擾到花香的香味，因此通常會再用些化學藥品把這些雜質氧化掉，然後再用碳粉處理，過濾後的濾液再蒸餾個二次到三次，這樣得到的酒精就是可以用於調配香水的香水級酒精了，在英文裏稱這種酒精為 Cologne Spirit，我們把它翻譯為古龍酒精，這樣的翻譯是著眼於古龍水這個名稱，古龍水是從 Cologne Water 這個名稱音譯過來的。

我們要怎樣才能知道一種酒裏含有多少的酒精呢？不要小看這個問題，它可是一個大問題呢。因為酒精和水會混合的很融洽，不管以多少的比例去混合酒精和水，它們都不會分離，因此如能訂出一個標準來標示酒精的含量，那麼對買賣雙方都不會造成困擾及糾紛。對釀酒及賣酒這個行業的人來說，他們是採用體積濃度去標示酒精的含量，這種方法稱之為「標準酒精濃度」，也可以簡稱為「酒精度」。這種標示方法是法國著名的化學家蓋呂薩克（Gay Lussac）訂出來的，當溫度是攝氏 20 度時，在 100 毫升的酒裏含有多少毫升的酒精就標示多少百分比的酒精度，譬如說 100 毫升的酒裏有 12.5 毫升的酒精，那麼它的酒精度就是 12.5 %。這種標示法以英文寫出來就是 12.5 % Alcohol by Volume，這種標示法叫做 ABV 標示法（ABV method）。

另外在英國，他們也發展出一套標示酒精含量的方式，這種標示與化學家所認知的「濃度」定義是有點差異的。嚴格的說，這種標示法是標示酒精的強度，在英文裏是叫做 Strength，它們的單位是 Proof，中文的翻譯是「標準酒精強度」。

至於 Proof 這個字是怎麼來的呢？依據所能查到的資料來看，在以前，為了要證明威士忌酒裏是含有足夠的酒精，那就需要一種實驗的方法，如果酒和火藥混在一起的東西能用火將火藥點著，那就證明酒裏確實含有酒精，也就是說測試的酒是合乎標準的（Over Proof），如果不能將火藥點著，那麼測試的酒裏含的酒精就是低於標準的（Under Proof）。

當然這種測驗方法是很不準確的，因此後來英國人想出了利用液體比重計（Hydrometer，浮秤）去測定酒的比重，然後訂出一個規則來標示酒裏的酒精強度，這個規定是當溫度是在華氏 51 度時，如果酒的比重等於同體積水的 12/13 時，酒的濃度就是 100 % Proof 了，但是這套系統換算起來非常的麻煩，因此英國也在 1980 年 7 月 1 日起開始採用國際通用的 ABV 方式去標示酒精的含量。

當英國人還在採用他們自己的酒精強度系統去標示酒裏的酒精含量時，美國人也自己設計了另外一套酒精強度系統去標示酒精的含量，美國人所設計的那套系統沒有那麼麻煩，他們只是把 ABV 方式標示的酒精含量乘以二就是酒精強度，譬如標示為 45 % Vol 的酒，它的酒精強度就是 90 Proof。

我們前面提過的蒸餾酒精 Rectified Spirit 是一種很純的酒精，然而在大部份的國家裏，酒是一種重要的稅收來源，為了防止有人拿這種酒去當酒喝，所以通常是由政府規定在這種酒精裏要添加大約 5 % 的有毒化學藥品，這種有毒的化學藥品被稱之為變性劑，變性劑的英文名稱是 Denaturant，所以添加了變性劑的酒精也叫做變性酒精，它的英文名稱是 Denatured ethanol，或是叫做 Denatured alcohol。同時為了要讓人一看就知道這種酒是不能喝的，所以又規定要在這種酒精裏添加一些顏料，讓這種酒精成為粉紅色或是藍色的，同時為了避免有人利用簡單的蒸餾方法去提煉純酒精，因此規定所添加的變性劑必須是一些不容易與酒精分開的東西，像是甲醇，丙酮，吡啶等等。添加了這種變性劑的酒精還是可以做為工業用的溶劑，或是做為工業燃料，因此這種酒精又被稱之為工業酒精，在外國也是叫做 Industrial Spirit，當然這種酒精是不能拿來調配香水的。

參考資料

《開創自我品味的香水旅程》這本書的資料是參考自下列的書籍及「谷歌」（Google）的網站資料

【01】 Mandy Aftel, Essence and Alchemy：A Book of Perfume, Bloomsbury, London, 2001

【02】 Elisabeth Barille, The Book of Perfume, Flammarion, New York, 1995

【03】 Paul Z. Bedoukian, Perfumery Synthetics and Isolates, D. Van Nostrand Co. Inc., New Yoyrk, 1951

【04】 Ivan Day, Perfumery with Herbs, Darton, Longman & Todd, London, 1979

【05】 Michael Edwards, Perfume Legends：French Feminine Fragrances, HM Editions, Levallois, France, 1996

【06】 Susan Irvine, Perfume：The Creation and Allure of Classic Fragrances, Crescent, New York , 1995

【07】 Edward S. Maurer, Perfumes and Their Production, United Trade Press, London, 1958.

【08】 Edwin T. Morris, Scents of Time：Perfume from Ancient Egypt to the 21th Century, The Metropolitan Museum of Art, New York, 1999

【09】 W. A. Poucher, Perfumes, Cosmetics & Soaps：The Production, Manufacture and Application of Perfumes, Vol. 1–3, Chapman and Hall, London, 1974

【10】 Glen Pownall, Perfumery：How to Make Your Own, Seven Seas Pub. Pty., Wellington, N.Z., 1974

【11】 Richard Stamelman, Perfume：Joy, Obsession, Scandal, Sin：A Cultural History of Fragrance from 1750 to the Present, Rizzoli International Publications Inc., New York, 2006

【12】 F. V. Wells and Marcel Billot, Perfumery Technology：Art, Science, Industry, 2nd Edition, Ellis Horwood Ltd., Chichester, 1975

【13】 Chrissie Wildwood, Create Your Own Perfumes Using Essential Oils, Judy Piatkus Ltd., London, 1994

【14】 Nigel Groom，香水鑑賞手冊，萬里機構，香港，2000

【15】 林翔雲編著，調香術，第二版，化學工業出版社，北京，2007

參考文獻：

第一章　香水的源流

【1-01】Nigel Groom，香水鑑賞手冊，萬里機構，香港， 2000

【1-02】http://en.wikipedia.org/wiki/Hatshepsut

【1-03】http://en.wikipedia.org/wiki/Perfume

【1-04】http://news.bbc.co.uk/1/hi/world/europe/4364469.stm

【1-05】http://www.slideshare.net/lixiang595/ss-224399/

【1-06】Edwin T. Morris, Scents of Time：Perfume from Ancient Egypt to the 21th Century, The Metropolitan Museum of Art, New York, 1999

【1-07】http://en.wikipedia.org/wiki/Cleopatra_VII

【1-08】http://en.wikipedia.org/wiki/Distillation

【1-09】http://en.wikipedia.org/wiki/Essential_oil

第二章　香水的萌芽

【2-01】http://www.perfume2000.com/History/GALLO_ROMANSTOGOTHICERA.asp#article

【2-02】http://en.wikipedia.org/wiki/Hungary_Water

【2-03】http://busyol.spaces.live.com/ Blog/cns！1159CE189AF8E1D9！151.entry

【2-04】W. A. Poucher, Perfumes, Cosmetics & Soaps：The Production, Manufacture and Application of Perfumes, Vol. 2, Chapman and Hall, London, 1974

【2-05】http://en.wikipedia.org/wiki/Eau_de_Cologne

【2-06】http://www.whitelotusaromatics.com/newsletters/cologneart.html

【2-07】http://www.farinagegenueber.de/

【2-08】http://www.eau-de-cologne.com

【2-09】F. V. Wells and Marcel Billot, Perfumery Technology：Art, Science, Industry, 2nd Edition, Ellis Horwood Ltd., Chichester, 1975

第三章　現代合成香水的源泉

【3-01】http://www.perfumes.com/eng/history_turn_century.htm

【3-02】http://en.wikipedia.org/wiki/Houbigant_%28perfume%29

【3-03】http://en.wikipedia.org/wiki/Organic_Chemistry

【3-04】http://en.wikipedia.org/wiki/Sir_William_Henry_Perkin

【3-05】Richard Stamelman, Perfume：Joy, Obsession, Scandal, Sin：A Cultural History of Fragrance from 1750 to the Present, Rizzoli International Publications, Inc., New York, 2006

【3-06】http://www.perfumeprojects.com/museum/marketers/ Houbigant.php

【3-07】W. A. Poucher, Perfumes, Cosmetics & Soaps：The Production, Manufacture and Application of Perfumes, Vol. 2, Chapman and Hall, London, 1974

【3-08】http://boisdejasmin.typepad.com/_/2005/05/guerlain_jicky.html

【3-09】http://en.wikipedia.org/wiki/Guerlain

【3-10】http://www.squidoo.com/guerlain

【3-11】http://www.perfumeprojects.com/museum/bottles/EDC_Imperiale.php

【3-12】Nigel Groom，香水鑑賞手冊，萬里機構，香港，2000

第四章　香水味階的概念

【4-01】http://en.wikipedia.org/wiki/Perfume

【4-02】http://www.gutenberg.org/files/16378/16378-h/16378-h.htm

【4-03】http://zh.wikipedia.org/w/index.php？title=%E9%9F%B3%E7%AC%A6&variant=zh-tw

【4-04】http://140.128.205.3/newhtml/music06.htm

【4-05】http://lakecounty.typepad.com/life_in_lake_county/2006/11/frangipani_plum.html#vitext

【4-06】http://rogerbourland.com/blog/2007/01/25/the-smell-organ/

【4-07】W. A. Poucher, Perfumes, Cosmetics & Soaps：The Production, Manufacture and Application of Perfumes, Vol. 2, Chapman and Hall, London, 1974

【4-08】Mandy Aftel, Essence and Alchemy：A Book of Perfume, Bloomsbury, London, 2001

【4-09】http://www.studyjesus.com/lifeofchrist/lesson_85.htm

【4-10】 http://www.goldfieldfragrances.com/aromatic_past_composition _ perfume.htm

第五章　香水的分類

【5-01】 W. A. Poucher, Perfumes, Cosmetics & Soaps：The Production, Manufacture and Application of Perfumes, Vol. 2, Chapman and Hall, London, 1974

【5-02】 http://en.wikipedia.org/wiki/Eugene_Rimmel

【5-03】 http://nowsmellthis.blogharbor.com/blog/_archives/ 2005/ 12/1/1430310.html

【5-04】 http://en.wikipedia.org/wiki/Perfume

【5-05】 http://www.perfumedomain.com/Perfume%20families.html

【5-06】 Nigel Groom, The Perfume Handbook, Chapman and Hall, London, 1992

【5-07】 Mandy Aftel, Essence and Alchemy：A Book of Perfume, Bloomsbury, London, 2001

【5-08】 http://baike.baidu.com/view/3464.htm

【5-09】 http://tw.myblog.yahoo.com/amber-museum/article？mid=7353&prev=7430&next=-1

【5-10】 http://www.ambergris.co.nz/

【5-11】 http://www.daisyorganicessentials.com/perfumes/perfume fragrances.php

【5-12】 http://en.wikipedia.org/wiki/Fragrance_wheel

第六章　香水的調配

【6-01】 http://en.wikipedia.org/wiki/Perfume

【6-02】 http://french.about.com/library/begin/bl-begpronunciation.htm

【6-03】http://www.answers.com/topic/eau-de-cologne

【6-04】Chrissie Wildwood, Create Your Own Perfumes Using Essential Oils, Judy Piatkus Ltd., London, 1994

【6-05】原著：曼蒂・艾佛帖兒 Mandy Aftel，翻譯：邱維珍，香水的感官之旅—鑑賞與深度運用，商周出版，台北，2002

【6-06】Mandy Aftel, Essence and Alchemy：A Book of Perfume, Bloomsbury, London, 2001

國家圖書館出版品預行編目

香水入門——打造自我品味的香水 / 李迎龍編著.
-- 一版 .--臺北市 : 秀威資訊科技, 2009.06
面； 公分.--(應用科學類 ; PB0007)

BOD版
參考書目 : 面
ISBN 978-986-221-235-6（平裝）

1.香水 2.香精油

466.71 98008857

應用科學類 PB0007

香水入門——打造自我品味的香水

作 者 / 李迎龍
發 行 人 / 宋政坤
執 行 編 輯 / 黃姣潔
圖 文 排 版 / 郭雅雯
封 面 設 計 / 李孟瑾
數 位 轉 譯 / 徐真玉 沈裕閔
圖 書 銷 售 / 林怡君
法 律 顧 問 / 毛國樑 律師
出 版 發 行 / 秀威資訊科技股份有限公司
台北市內湖區瑞光路583巷25號1樓
電話：02-2657-9211 傳真：02-2657-9106
E-mail：service@showwe.com.tw

2009 年 6 月 BOD 一版
定價：340 元

讀者回函卡

感謝您購買本書，為提升服務品質，請填妥以下資料，將讀者回函卡直接寄回或傳真本公司，收到您的寶貴意見後，我們會收藏記錄及檢討，謝謝！如您需要了解本公司最新出版書目、購書優惠或企劃活動，歡迎您上網查詢或下載相關資料：http:// www.showwe.com.tw

您購買的書名：________________________________

出生日期：________年________月________日

學歷：□高中（含）以下　□大專　□研究所（含）以上

職業：□製造業　□金融業　□資訊業　□軍警　□傳播業　□自由業

□服務業　□公務員　□教職　□學生　□家管　□其它____

購書地點：□網路書店　□實體書店　□書展　□郵購　□贈閱　□其他

您從何得知本書的消息？

□網路書店　□實體書店　□網路搜尋　□電子報　□書訊　□雜誌

□傳播媒體　□親友推薦　□網站推薦　□部落格　□其他________

您對本書的評價：（請填代號　1.非常滿意　2.滿意　3.尚可　4.再改進）

封面設計____　版面編排____　內容____　文／譯筆____　價格____

讀完書後您覺得：

□很有收穫　□有收穫　□收穫不多　□沒收穫

對我們的建議：________________________________

____

____

____

請貼
郵票

11466
台北市內湖區瑞光路 76 巷 65 號 1 樓

秀威資訊科技股份有限公司 收

BOD 數位出版事業部

....

（請沿線對折寄回，謝謝！）

姓　　名：____________　　年齡：________　　性別：□女　□男

郵遞區號：□□□□□

地　　址：________________________________

聯絡電話：(日) ______________ (夜) ______________

E-mail：________________________________